Sandro Ruhland

Untersuchungen zur Entwicklung eines Ertragsmesssystems für Mähwerke auf Basis des Leistungsbedarfs eines Schwadversetzers

TUD*press*

Sandro Ruhland

Untersuchungen zur Entwicklung eines Ertragsmesssystems für Mähwerke auf Basis des Leistungsbedarfs eines Schwadversetzers

TUD*press*

2013

Die vorliegende Arbeit wurde am 09. Juli 2009 an der Fakultät Maschinenwesen der Technischen Universität Dresden als Dissertation eingereicht und am 11. Januar 2013 erfolgreich verteidigt.

Vorsitzender der Promotionskommission:
Prof. Dr.-Ing.habil. G. Kunze

Gutachter:
Prof. Dr.-Ing.habil T. Herlitzius
Prof. Dr.agr. K. Wild

Bibliografische Information der Deutschen Nationalbibliothek
Die Deutsche Nationalbibliothek verzeichnet diese Publikation in der Deutschen Nationalbibliografie; detaillierte bibliografische Daten sind im Internet über http://dnb.d-nb.de abrufbar.

Bibliographic information published by the Deutsche Nationalbibliothek
The Deutsche Nationalbibliothek lists this publication in the Deutsche Nationalbibliografie; detailed bibliographic data are available in the Internet at
http://dnb.d-nb.de.

ISBN 978-3-944331-01-0

Verlag der Wissenschaften GmbH
Bergstr. 70 | D-01069 Dresden
Tel.: 0351/47 96 97 20 | Fax: 0351/47 96 08 19
http://www.tudpress.de

Gesetzt vom Autor.
Printed in Germany.

Untersuchungen zur Entwicklung eines Ertragsmesssystems für Mähwerke auf Basis des Leistungsbedarfs eines Schwadversetzers

Von der Fakultät Maschinenwesen
der
Technischen Universität Dresden
zur
Erlangung des akademischen Grades
Doktoringenieur (Dr.-Ing.)
angenommene Dissertation

Dipl.-Ing. (FH) Sandro Ruhland
geb. am 24.09.1979 in Dresden

Tag der Einreichung: 09.07.2009
Tag der Verteidigung: 11.01.2013

Gutachter: Prof. Dr.-Ing.habil T. Herlitzius
Prof. Dr.agr. K. Wild

Prof. Dr.-Ing.habil. G. Kunze
Vorsitzender der Promotionskommission

Vorwort

Die vorliegende Dissertation entstand in den Jahren 2003 bis 2009 während meiner Tätigkeit als wissenschaftlicher Mitarbeiter am Fachbereich Landbau/Landespflege der Hochschule für Technik und Wirtschaft Dresden (FH) und als Promotionsstudent an der Fakultät Maschinenwesen der TU Dresden. Das Promotionsverfahren erfolgte im Rahmen eines kooperativen Promotionsverfahrens.

Mein besonderer Dank gilt Herrn Prof. Dr. agr. K. Wild von der HTW Dresden (FH) für die Anregung des Themas sowie die Betreuung der Arbeit. Ebenso bedanke ich mich bei Herrn Prof. Dr.-Ing. habil. G. Bernhardt von der TU Dresden für seine Unterstützung und die Hinweise bei der Erstellung der Dissertation sowie bei Prof. Dr.-Ing. habil T. Herlitzius für die Übernahme des Gutachtens.

Weiterhin bedanke ich mich bei den Mitarbeitern des Fachbereichs Landbau/Landespflege der HTW-Dresden (FH), die mich bei der Vorbereitung und Durchführung der experimentellen Untersuchungen unterstützt haben. Besonders Herrn Haedicke möchte ich an dieser Stelle für seine Hilfe beim Aufbau der Versuchseinrichtungen danken. Für ihre Hilfe bei der Korrektur der Arbeit sei auch Frau Bresan herzlich gedankt.

Danken möchte ich auch der Konrad-Adenauer-Stiftung, die durch ein Promotionsstipendium das Erstellen der Dissertation ermöglicht hat.

Dresden, Februar 2013

Inhaltsverzeichnis

Verzeichnis der verwendeten Formelzeichen

Symbol	Bedeutung	Einheit
α	Neigungswinkel des Fördergurtes in Transportrichtung	°
α_x	Neigungswinkel in Fahrtrichtung des Mähwerks	°
α_y	Neigungswinkel quer zur Fahrtrichtung des Mähwerks	°
β	Winkel zwischen Auswurfrichtung des Mähguts und der Förderrichtung des Fördergurtes	°
φ	Drehwinkel	rad
φ_U	Drehwinkel eines Gurtumlaufes	rad
ϑ	Temperatur	°C
ω	Winkelgeschwindigkeit	$rad \cdot s^{-1}$
d	Durchmesser	m
E	Energie	J
E_{kin}	kinetische Energie	J
E_{pot}	potentielle Energie	J
F	Kraft	N
F_H	Hauptwiderstand eines Gurtförderers	N
F_N	Nebenwiderstand eines Gurtförderers	N
F_{Tr}	Trommelumfangskraft	N
g	Erdbeschleunigung	$m \cdot s^{-2}$
G	Gewichtskraft	N
h	Höhe	m
k	Kalibrierfaktor zur Umrechnung der Energie in Masse	$kg \cdot J^{-1}$
k_{Mess}	Kalibrierfaktor zur Umrechnung der Energie in Masse unter Messungsbedingungen	$kg \cdot J^{-1}$
k_{Norm}	Kalibrierfaktor zur Umrechnung der Energie in Masse unter Kalibrierbedingungen	$kg \cdot J^{-1}$
K_α	Neigungswinkelabhängiger Korrekturfaktor	$°^{-1}$

K_v	Gurtgeschwindigkeitsabhängiger Korrekturfaktor	$s \cdot m^{-1}$
l	Länge	m
m	Masse	kg
$\dot{m}$	Massestrom	$kg \cdot s^{-1}$
M	Drehmoment	Nm
n	Drehzahl	s^{-1}
p	Druck	bar
Δp	Druckdifferenz	bar
P	Leistung	$J \cdot s^{-1}$
t	Zeit	s
T	Umlaufzeit des Fördergurtes	s
v, v_i	Geschwindigkeit	$m \cdot s^{-1}$
v_0	Geschwindigkeitssollwert	$m \cdot s^{-1}$
v_F	Fahrgeschwindigkeit des Mähwerks	$m \cdot s^{-1}$
v_G	Gurtgeschwindigkeit des Messförderbandes	$m \cdot s^{-1}$
v_Z	Gurtgeschwindigkeit des Zuführförderbandes	$m \cdot s^{-1}$
Δv	Geschwindigkeitsdifferenz	$m \cdot s^{-1}$
V	Volumen	m^3
$\dot{V}$	Volumenstrom	$m^3 \cdot s^{-1}$
W	Arbeit	J
W_{Mess}	gemessene Arbeit	J
W_{Norm}	benötigte Arbeit unter Kalibrierbedingungen	J

Verzeichnis der Abbildungen

Verzeichnis der Tabellen

1 Hinführung und Problemstellung

Der Einsatz von Düngern und Pflanzenschutzmitteln in der Landwirtschaft kann zu Umweltbelastungen des Bodens und Wassers führen. Daher versucht die moderne Landwirtschaft diese Belastungen möglichst gering zu halten. Dies erfordert genaue Kenntnisse über den tatsächlichen Bedarf, der auch innerhalb einzelner Schläge erheblich variieren kann [41]. Bei gleichmäßiger Ausbringmenge kann es sowohl zu umweltschädigender und kostenverursachender Überdüngung als auch zu ertragsmindernder Unterdüngung kommen. Eine Lösung für dieses Problem ist die teilflächenspezifische Bewirtschaftung. Dabei wird ein Schlag nicht als homogene Einheit betrachtet, sondern es soll die Variabilität erfasst und bei der Bewirtschaftung berücksichtigt werden. Dies gilt auch für die Erträge. Es sind für die einzelnen Teilflächen die Ertragshöhen mit dazugehöriger geographischer Position zu ermitteln, um Ertragskarten anfertigen und für die weitere Bearbeitung der Flächen nutzen zu können. Eine Ertragsermittlung nur für einzelne Kulturen reicht dabei nicht aus, sondern muss bei allen angebauten Kulturen eines landwirtschaftlichen Betriebes durchgeführt werden. Dadurch kann der Nährstoffentzug auf einzelnen Flächen fortlaufend festgestellt werden. Neben der Nutzung des Durchsatzes für die Maschinensteuerung, z.B. die Dosierung des Konservierungsmittels oder die lastabhängige Fahrgeschwindigkeitsregelung, bestehen weitere Anwendungsmöglichkeiten für die lokale Ertragsermittlung. Die Ertragsdaten können auch zur Planung der weiteren Verarbeitung des Erntegutes herangezogen werden. Bei Futtermitteln ist eine Bestimmung der Futtervorräte, die Grundlage für die Futterrationserstellung ist, möglich.

Das Ziel ist somit für alle Erntegüter Ertragsmesssysteme zur Verfügung zu stellen. Diese müssen in der Lage sein, die lokalen Ertragsschwankungen, die innerhalb eines Schlages auftreten können, zuverlässig zu erfassen. Daneben ist auch eine Zuordnung der Messwerte zum Ort des Aufwuchses notwendig. Aus diesem Grund ist eine Integration der Messsysteme in den

Erntemaschinen vorteilhaft. Die geografische Zuordnung der Messwerte wird durch GPS bzw. DGPS Empfänger realisiert. Derartige Systeme werden bereits in verschiedenen Ertragsmesssystemen sowie zur Steuerung und Lenkung von Maschinen verschiedener Hersteller eingesetzt [43, 59, 68]. Als problematisch erweist es sich, wenn bereits vor der Aufnahme des Ernteguts durch die Erntemaschine ein Ortswechsel stattfindet, wie dies z.B. bei der Ernte von Feldfutter oder Gras mit dem Feldhäcksler durch das Mähen, Wenden und Schwaden vorkommt. Hinzu kommen Laufzeiten des Erntegutes innerhalb der Erntemaschine. Erfolgt die Ertragserfassung nicht bereits an den Einrichtungen zur Gutaufnahme, kommt es in Abhängigkeit von der Fahrgeschwindigkeit der Maschine und der Laufzeit von der Gutaufnahme bis zum Ertragsmesssystem zu einer örtlichen Verschiebung zwischen dem Gutaufnahme- und dem Messort. Diese erfordert v.a. bei hohen Fahrgeschwindigkeiten und langen Laufzeiten eine entsprechende Korrektur.

Mit verschiedenen entwickelten Ertragsmesseinrichtungen wurden bereits für unterschiedliche Erntegüter Karten zur Ertragsverteilung und –höhe erstellt. Dabei sind verschiedene Kartenformen gängig. Rasterertragskarten teilen die Gesamtflächen in gleichgroße Quadrate mit Kantenlängen zwischen zumeist 5 und 50 m ein. Dabei richtet sich das gewählte Maß häufig nach den Arbeitsbreiten der Maschinen für die nachfolgende Bearbeitung, z.B. Düngerstreuer oder Pflanzenschutzspritzen [5]. Dieses Raster entfällt bei Isoertragslinienkarten, in denen Linien gleichen Ertrages eingezeichnet werden. Dabei treten lokale Extremwerte deutlicher hervor. Sie sind u. U. aber weniger übersichtlich. Die auftretenden Erträge werden in Klassen eingeteilt, deren Umfang und Anzahl von der jeweiligen Variabilität der Erträge und der Genauigkeit des Ertragsmesssystems abhängig ist.

Für Getreide, das im Jahr 2007 auf 38,8 % der landwirtschaftlich genutzten Fläche angebaut wurde [9], liegen eine Vielzahl von Ertragskarten vor. AUERNHAMMER et al. [5] stellten für eine Fläche von 16,6 ha Rasterertragskarten mehrerer Jahre dar, die bei einem Rastermaß von 50 m

Ertragsklassen von unter 4 t/ha bis über 8 t/ha aufweisen. In einem weiteren Fall wurden bei einem Rastermaß von 24 m und einem mittleren Ertrag von 3,8 t/ha Ertragsklassen von weniger als 3 bis mehr als 5 t/ha erreicht. Der Maximalwert wurde mit 6,0 t/ha angegeben. REITZ und KUTZBACH [49] erzielten für eine 2,9 ha große Fläche bei einem Rastermaß von 20 m und Ertragsklassen von weniger als 5,5 bis mehr als 8,5 t/ha vergleichbare Ergebnisse. Damit wichen die ermittelten lokalen Ertragswerte teils um mehr als 50 % vom mittleren Ertrag ab.

Auch für eine Reihe weiterer Erntegüter wurden Ertragskarten erstellt. Für Kartoffeln ergaben sich bei sehr kleinem Raster von 4,9 x 5,6 m auf einer 18 ha Fläche Werte zwischen 11 und 59 t/ha [12]. In einem weiteren Beispiel [13] wurden auf einer 6 ha großen Fläche, bei einem mittleren Ertrag von 3,3 t/ha, mit einem Rastermaß von 24 m Werte von weniger als 3 bis maximal 4,5 t/ha erreicht. Für Zuckerrüben wurden für Flächen von je etwa 3 ha Erträge von 54 bis 97 t/ha (Rastermaß 21,6 m) [35] bzw. 20 bis 90 t/ha (Isoertragslinienkarte) [32] angegeben. ISENSEE [33] gibt für einen 40 ha Schlag eine Spannweite der Erträge von ±30 % an. Auch diese Beispiele verdeutlichen die in Einzelfällen sehr große Variabilität der Erträge innerhalb eines Schlages. Dies ließe sich auch mit einer Reihe weiterer Erntegüter, z.B. Tomaten [46] oder Baumwolle [64] fortsetzen.

Für die Futterernte wurden Ertragsmesssysteme an Mähwerken, Feldhäckslern und Ballenpressen entwickelt bzw. untersucht. Einzelne erstellte Ertragskarten zeigen deutliche Schwankungen innerhalb eines Schlages. WILD [71] stellt in einer Rasterertrags- und einer Isoertragslinienkarte für eine 1,5 ha große Wiese die mittels Wägung in einer Ballenpresse ermittelte Ertragsverteilung dar, bei denen der mittlere Ertrag 63,5 dt/ha beträgt. Die Isoertragslinienkarte weist dabei Bereiche von weniger als 10 bis mehr als 100 dt/ha auf, während in der Rasterertragskarte mit einem Raster von 36 m Erträge von minimal 40 bis 60 dt/ha bis maximal 89 dt/ha (Klasse über 80 dt/ha) dargestellt sind. Damit ergeben sich bei Nutzung eines 36 m

Rasters Abweichungen von bis zu ±40 % ausgehend vom mittleren Ertrag. KUMHÁLA et al. [38] erstellten Karten bei der Ertragsermittlung in einem Mähwerk. Diese geben allerdings nicht die Erträge sondern den Massestrom in der Erntemaschine wieder. Dabei erfolgte die Einteilung in Klassen von 1,03 - 1,31 bis 2,44 - 2,77 kg/s. Dies lässt darauf schließen, dass auch die Erträge um etwa ±45 % um den Zentralwert schwanken. Ein Beispiel für die Variabilität des Ertrages bei Mais zeigen AUERNHAMMER et al. [6] mittels Ertragsmessung im Feldhäcksler. In einer Rasterertragskarte einer Fläche von 10 ha und einem Rastermaß von 12 m reichen die Ertragsklassen von <300 bis >500 dt/ha. Damit ergeben sich lokale Erträge die mehr als –30 bzw. +22 % vom mittleren Ertrag abweichen. Damit zeigen sich auch bei Grünland und Feldfutter erhebliche lokale Ertragsschwankungen. Die Anteile von Grünland und Feldfutter (ohne Silomais) betrugen 27,6 % an der landwirtschaftlichen Nutzfläche in Deutschland im Jahre 2007 [9]. unterstreichen, dass eine Ertragsermittlung für diese Erntegüter für die teilflächenspezifische Bewirtschaftung eine hohe Bedeutung hat.

Anhand der beispielhaft aufgeführten Erntegüter wird die mögliche Ertragsvariabilität deutlich. Dies verursacht auch einen stark variierenden Nährstoffentzug, der durch differenzierte Düngung ausgeglichen werden soll. Neben der Frischmasse ist für die Verwertung der Erntegüter auch deren Zusammensetzung, z.B. der Wassergehalt, von Interesse. Dies ist aber nicht mehr Gegenstand dieser Arbeit.

2 Stand der Technik

Zur Ermittlung der Höhe und Verteilung des Ertrages muss die Masse des Erntegutes sowie Größe und Lage der Bezugsfläche festgestellt werden. Dies erfolgt in der Erntemaschine, weil dadurch die geografische Zuordnung möglich wird und kein zusätzlicher Arbeitsgang erforderlich ist. Bei der Aufnahme, der Verarbeitung und dem Auswurf des Erntegutes entsteht ein kontinuierlicher Massestrom. Erfolgt kein kontinuierlicher Auswurf wird das Erntegut zeitweise in Vorratsbehältern mitgeführt, z.B. in Ballenpressen, Mähdreschern oder Kartoffel- und Rübenerntemaschinen. Eine Ertragsermittlung kann damit entweder durch Messung des Massestromes oder der mitgeführten Erntegutmasse erfolgen. Der Flächenertrag ergibt sich durch Berücksichtigung der Arbeitsbreite sowie der Fahrgeschwindigkeit bzw. der zurückgelegten Strecke.

Im weiteren werden zunächst grundsätzliche Möglichkeiten zur Massestrom- bzw. Massemessung für Erntegüter aufgezeigt und im Anschluss die bereits zur Ertragsermittlung verwendeten Verfahren vorgestellt.

2.1 Verfahren zur Masse- und Massestrommessung

Zur Ermittlung eines Massewertes gibt es verschiedene Möglichkeiten. Die am häufigsten genutzte Variante ist die Messung der Gewichtskraft, welche die Masse aufgrund der Schwerebeschleunigung ausübt. Weitere Verfahren zielen auf jene Kräfte, die zur Änderung der Bewegung eines Massestromes, welcher eine pro Zeiteinheit geförderte Masse angibt, erforderlich sind. Das Absorptionsvermögen eines Materials gegenüber elektromagnetischer Strahlung kann ebenfalls zur Masse- bzw. Massestrommessung genutzt werden. Bei bekannter oder ermittelbarer Materialdichte lässt sich eine Masse auch auf Basis eines gemessenen Volumens bestimmen.

Um eine hohe Messgenauigkeit sowie Unabhängigkeit von verschiedenen Störgrößen zu erhalten, ist es vorteilhaft die Messgröße direkt zu erfassen. Hierzu muss die Messgröße unmittelbar mit einem Normal der gleichen Größe verglichen werden [48], z.B. Wägung mit Gegengewichten. Im weiteren Sinn zählen auch Messinstrumente dazu, deren Anzeigewert direkt dem Messwert entspricht, wie dies beispielsweise bei Wägung mit einer Federwaage der Fall ist. Indirekte Messverfahren ermitteln dagegen eine oder mehrere andere Größen, die in einem definierten Zusammenhang mit der gesuchten Messgröße stehen. Die tatsächlichen Messgrößen können auch von anderen als der gesuchten Größe beeinflusst werden. Diese Störgrößen müssen entweder separat erfasst und berücksichtigt oder konstant gehalten werden.

2.1.1 Wägung

Bei Wägung der Masse m erfolgt ein Vergleich der von ihr, aufgrund der Erdbeschleunigung g, ausgeübten Gewichtskraft G mit einer bekannten Kraft. Dabei ist die Erdbeschleunigung ortsabhängig, wobei der Unterschied maximal wenige Zehntelprozent beträgt, z.B. weniger als 0,1 % zwischen Flensburg (9,8149 m/s^2) und München (9,8072 m/s^2) [48].

$$G = m \cdot g \tag{2.1}$$

Diese bekannte Kraft kann die Gewichtskraft einer vergleichbaren Masse sein oder durch eine Feder oder einen Verformungskörper erzeugt werden [30, 48]. Beim direkten Vergleich mit einer zweiten Masse kann die Ortsabhängigkeit der Erdbeschleunigung g unberücksichtigt bleiben, da sie auf beide Massen gleichermaßen wirkt. Bei der Masseermittlung unter Nutzung einer Feder ist der Federweg das Maß für die Masse. Die geringfügige Deformierung steifer Federkörper kann durch Dehnmessstreifen (DMS) ermittelt werden. Weiterhin können Massen auch aufgrund ihres Einflusses auf den Druck in hydraulischen oder pneumatischen Systemen ermittelt werden. Darüber hinaus gibt es noch weitere Messverfahren, die sich jeweils in der Erzeugung der Vergleichskraft unterscheiden.

Zur Masseermittlung für die Ertragserfassung in Erntemaschinen sind nur Systeme interessant, die mit möglichst geringem Aufwand automatisch betrieben werden können. Dies trifft auf die elektrische Messung von Kräften mittels Dehnmessstreifen auf Verformungskörpern oder Piezokristallen, die mit Ladungsverschiebung auf Krafteinwirkungen reagieren, zu [27, 30, 45]. Dehnmessstreifen bestehen aus einzelnen elektrischen Widerständen, deren Wert durch Dehnung beeinflusst wird und die jeweils zu Brückenschaltungen zusammengeschlossen werden. Deren Ausgangsspannung ist proportional zur Dehnung der Verformungskörper auf denen sie appliziert sind. DMS haben eine geringe Masse und lassen sich auf vielen Werkstoffen applizieren. Sie sind leicht handhabbar und sowohl für statische als auch dynamische Anwendungen geeignet. Es kann in Verbindung mit der Auswertelektronik eine hohe Auflösung und Langzeitstabilität erreicht werden. In Piezokristallen kommt es zu Ladungsverschiebungen in Folge von Krafteinwirkungen, die durch eine Kapazität in eine proportionale Spannung überführt werden muss. Ihre Vorteile sind Robustheit und kleine Abmessungen sowie ein großer Messbereich und hohe mögliche Messfrequenzen. Nachteilig ist die Nichteignung für statische Messungen, die aufwändige Signalverarbeitung und eine Genauigkeit, die durch Temperaturdrift und Nichtlinearitäten beeinflusst wird.

Weiterhin zu nennen ist das magnetoelastische Messverfahren. Eine Nickel-Eisen-Legierung deren Permeabilität von Druck- und Zugbelastungen abhängig ist, beeinflusst bei Einbindung in einen magnetischen Kreis dessen Induktivität. Dieses nahezu weglose Messverfahren eignet sich v.a. für hohe Belastungen. Schwingsaitenaufnehmer als frequenzanaloge Sensoren eignen sich für Messungen, bei denen sich die zu messende Kraft als Spannkraft auf eine Saite übertragen lässt und so deren Eigenfrequenz verändert. Trotz der guten Langzeitstabilität sei hier v.a. auf die hohen erforderlichen Stellkräfte und der daraus resultierenden Rückwirkungsproblematik und der gegenüber DMS größeren Messlänge hingewiesen.

Damit eignet sich zur Masseermittlung v.a. die Wägung mittels Dehnmessstreifen. Mit diesen ist sowohl eine Wägung von Einzelmassen als auch Masseströmen möglich. Behälter können auf Wägzellen gelagert bzw. daran aufgehängt werden, um die Gesamtmasse des Behälters zu ermitteln. Ist vorrangig der Massestrom relevant, ist eine Anordnung von Wägezellen in Tragrollen von Förderanlagen möglich [63]. Die so entstehenden Bandwaagen können aus einer oder auch mehreren Tragrollen bestehen. Neben der Belastung auf die Tragrollen wirkt sich auch die Gurtgeschwindigkeit und der Tragrollenabstand auf den Messwert aus. Durch Integration der Massestromwerte über die Messdauer lassen sich auch mit einer Bandwaage Massewerte ermitteln.

2.1.2 Impulsmessung

Weiterhin ist die Masse- bzw. Massestromermittlung auch anhand von Reaktionskraftmessungen möglich. Trifft ein Massestrom auf ein Hindernis entsteht durch den Impuls ein Stoß, dessen Kraft gemessen werden kann. Diese ist neben dem Massestrom von der Geschwindigkeit $\vec{v}$ abhängig.

$$\dot{m} \cdot \Delta\vec{v} = \vec{F} \tag{2.2}$$

Zur Messung der Kraft kommen die gleichen elektrischen Kraftmesssysteme zum Einsatz wie bei der Wägung. Es besteht jedoch die Möglichkeit, anstelle der Richtung der Gewichtskraft eine andere Richtung zu nutzen. Die Höhe der Kraft wird dabei neben dem Massestrom u.a. von den Eigenschaften des Fördergutes, dem Anstellwinkel der Prallplatte und der Aufprallgeschwindigkeit beeinflusst. Die Messgenauigkeit ist abhängig von der Konstanz der Eigenschaften des Materials im Massestrom, der Reibung zwischen Prallplatte und Massestrom und der Aufprallgeschwindigkeit [63].

2.1.3 Strahlungsabsorption

Des Weiteren sind für Anwendungen in der Landtechnik radiometrische Messverfahren auf Basis der Absorption von Strahlung anwendbar. Masseströme, die zwischen einer Strahlungsquelle und einer Empfangseinrichtung hindurchgeführt werden, können Strahlung reflektieren, absorbieren oder hindurchlassen [63]. Aus dem Produkt der von der Empfangseinheit registrierten Strahlungsintensität und der Geschwindigkeit des Förderguts ergibt sich der Massestrom. Beeinflusst wird das Ergebnis auch durch die Zusammensetzung des Förderguts und der genutzten Wellenlänge. Vor allem bei der Nutzung von Röntgen- oder radioaktiver Strahlung gilt den einschlägigen gesetzlichen Vorschriften sowie der gesellschaftlichen Akzeptanz besondere Beachtung.

2.1.4 Volumen- und Volumenstrommessung

Bei bekannter Dichte des Materials, ist eine Ermittlung des Massestroms aus dem Volumenstrom möglich. Dieser kann bei Schüttgut anhand des Fördergutquerschnittes und der Geschwindigkeit gemessen werden. Die Erfassung des Querschnittes kann z.B. durch Laser oder Ultraschall berührungslos erfolgen [63]. Weitere Möglichkeiten zur Volumenstrommessung bestehen durch Dosierung und Zählung, wie sie bei Zellrädern genutzt wird. Hierbei nehmen die einzelnen Kammern jeweils ein bekanntes Volumen aus dem Massestrom auf. Anhand von Drehwinkel bzw. Drehzahl kann die geförderte Masse bzw. der Massestrom berechnet werden.

Alternativ zur Wägung von Sammelbehältern kann auch eine Ermittlung des Volumens auf Basis der Form und des Füllstandes des Sammelbehälters erfolgen [30, 48, 60]. Bei bekannter Dichte kann so, unter Umgehung eventueller Schwierigkeiten bei der Wägung, die Masse bestimmt werden. Die Füllhöhe kann berührungslos, z.B. mit Mikrowellen oder optisch, erfasst werden. Alternativ stehen Messverfahren die unmittelbar in das Material eingreifen, z.B. Tastplatten (Schwimmer) oder die Ermittlung von Gleich- und Wechselstromwiderständen, zur Verfügung.

Besteht der Massestrom aus einer diskreten und überschaubaren Anzahl von Einzelstücken, z.B. Rüben oder Kartoffeln, ist eine Mengenermittlung auch durch Zählung möglich [62]. Zu dieser können binäre Signalgeber genutzt werden, die in vielfältigen Varianten verfügbar sind. Die Signale können mechanisch, elektromechanisch, elektrisch, optisch, pneumatisch oder durch eine Strahlenschranke erzeugt und mit Zählern aufaddiert werden. Die Auswahl muss anhand der anwendungsspezifischen Möglichkeiten und Beschränkungen getroffen werden. Um von der Anzahl auf das Volumen des Erntegutes zu schließen, sind dann weitere Daten erforderlich.

Weniger geeignet sind Volumenstrom- und Volumenmessung bei Material, welches keine konstante Dichte besitzt und folglich erst eine definierte Dichte hergestellt werden müsste.

2.1.5 Leistungs- und Energiemessung

Werden Masseströme transportiert oder mechanisch bearbeitet, wird Energie benötigt. Die dafür erforderlichen Kräfte und Geschwindigkeiten bzw. Drehmomente und Drehgeschwindigkeiten können auch zur Massestrombestimmung herangezogen werden [30, 48]. An Antrieben ist auch die Nutzung der Eingangsleistung möglich, z.B. Strom und Spannung an Elektromotoren oder Druckdifferenz und Durchfluss an Hydraulikmotoren. Auf die Möglichkeiten zur Messung von Kräften wurde bereits bei der Wägung eingegangen. Drehmomente führen an Wellen zur Verformung die z.B. mit DMS auf der rotierenden Welle erfasst werden kann. Dafür werden die DMS im Winkel von 45 ° zur Längsachse der Welle aufgeklebt. Daneben können auch andere Aufnehmer verwendet werden. Um Messfehler durch Lagerreibung zu vermeiden, wird die Welle nur antriebs- und nicht abtriebsseitig gelagert. Die Einbindung in den Antriebsstrang erfolgt über biegeweiche aber verdrehsteife Kupplungen, um Beanspruchungen durch Verklemmungen zu vermeiden. Trotz dessen sind Drehmomentmesswellen in besonderem Maße überlastungsgefährdet, da Antriebe häufig ein pulsierendes Drehmoment abgeben, Schwingungen im Antriebsstrang möglich sind und auch im Falle plötzlicher mechanischer Störungen sehr große Momente wirken können. Die Energie und Datenübertragung zwischen rotierenden und feststehenden Bauteilen erfolgt meist über Schleifringe oder transformatorisch. Die berührungslose Übertragung weist aufgrund fehlender Verschleißteile eine geringere Störanfälligkeit auf und erfordert keine regelmäßige Wartung. Aus dem Drehmoment M kann mit Drehgeschwindigkeit ω die Leistung P

$$P = M \cdot \omega \tag{2.3}$$

und mit dem Drehwinkel φ die Arbeit W

$$W = M \cdot \varphi \tag{2.4}$$

ermittelt werden.

2.2 *Ertragsmesssysteme*

Die dargestellten Messverfahren wurden für die Ertragserfassung anpasst. Dies führte aufgrund der Vielfalt an Erntegütern und -maschinen bereits zu einer Vielzahl unterschiedlicher Systeme.

2.2.1 Ertragsmesssysteme für Getreide

Für die Ertragsermittlung bei der Getreideernte wurden umfangreiche Forschungs- und Entwicklungsarbeiten durchgeführt. Daraus entstanden Ertragsmesssysteme die bereits seit Jahren in der Praxis genutzt werden [15]. Es werden im Wesentlichen drei verschiedene Messverfahren eingesetzt. Dies sind die Bestimmung des Massestromes aus gemessenem

Volumenstrom und Dichte, Messung des Impulses des Erntegutes an einer Prallplatte und die Abschwächung von Röntgen- oder Gammastrahlung bei Durchdringung des Erntegutstromes. Der Flächenertrag wird jeweils aus dem zu messenden Massestrom am Körnerelevator, der Arbeitsbreite und der Fahrgeschwindigkeit des Mähdreschers ermittelt.

Zur Volumenstrommessung existieren optische Systeme, welche die Befüllung der einzelnen Elevatorschaufeln aus der Dauer der Unterbrechung einer Lichtschranke ermitteln [31, 49]. Verfälschungen ergeben sich, wenn die Maschine nicht waagerecht ausgerichtet ist. Dies kann durch Nutzung von Neigungssensoren teilweise kompensiert werden. Auch geringe Durchsätze reduzieren die Genauigkeit der Messeinrichtung aufgrund von Streulicht oder Verschmutzungen im Elevatorgehäuse [31]. Daneben wurden Messsysteme entwickelt, die den Volumenstrom nach Abwurf vom Elevator mit einem Zellenrad messen. Dieses ermittelt auf Basis einer festen Kammergröße und der Drehzahl den Volumenstrom. Dabei wurden Einflüsse von Dichte, Tankinhalt, Feuchte und Kalibrierung festgestellt [5, 50]. Beide volumetrischen Messverfahren erfordern eine regelmäßige Dichtebestimmung, um eine hohe Genauigkeit erreichen zu können [5].

Eine direkte Massestromermittlung ist mit der Messung der Energie des Erntegutimpulses nach Abwurf vom Elevator möglich. An einer im Gutstrom angeordneten Prallplatte wird durch Kraftmesszellen der von Masse und Geschwindigkeit abhängige Impuls gemessen. Die Geschwindigkeit wird aus der Elevatorgeschwindigkeit abgeleitet [15, 31, 50]. Die erreichbare Genauigkeit bei der Impulsmessung mit Prallplatten kann durch Reibung, Verformung des Erntegutes, Hangneigung, Schwingungen in der Maschine und Verschmutzung beeinträchtigt werden.

Eine Massestromermittlung auf Basis der Absorption elektromagnetischer Strahlung beim Durchdringen des Ernteguts wurde ebenfalls an Mähdreschern untersucht. Hierzu wurden Gamma- und Röntgenstrahler in

Kombination mit einem Strahlungsempfänger verwendet. Nach Abwurf des Ernteguts vom Elevator bewegt es sich zwischen einem Strahlungssender und einem –empfänger hindurch und absorbiert einen Teil der Strahlung. Dieser Absorptionsanteil ist ein Maß für die Masse bzw. den Massestrom. Daneben beeinflussen auch Feuchte, Art sowie Oberflächenbeschaffenheit des Ernteguts das Messergebnis. Diese Größen wirken sich bei konstanter Geschwindigkeit des Ernteguts aber nur in sehr geringem Maße auf die Genauigkeit aus [50, 5]. Das Messsystem weist insgesamt eine hohe Genauigkeit auf und greift nicht physisch in den Gutfluss ein [3].

Zahlreiche Untersuchungen befassten sich mit dem Vergleich und der Bewertung am Markt verfügbarer Messsysteme [4, 5, 31, 49]. In vergleichenden Feldtests wurden bei den untersuchten Systemen vergleichbare Standardabweichungen des Messfehlers zwischen 3,5 und 4,0 % festgestellt [15]. Im Vergleich reagieren das radiometrische Verfahren am wenigsten und die Volumenstrommessgeräte, trotz integrierter Neigungswinkelkorrektur, am stärksten auf Neigungseinflüsse. Die Kraftmesssysteme mit Prallplatte nehmen eine Mittelstellung ein. Weitere mögliche Fehlerquellen sind generell die Kalibrierung, Nichteinhalten der vorgegebenen Arbeitsbreite sowie schnelle Änderungen der Fahrgeschwindigkeit, die sich durch den zeitlichen Versatz zwischen Gutaufnahme und Messung am Elevator auswirken. Häufig wird die Massestrom- mit einer Feuchtemessung kombiniert, um den Ertrag auf eine feste Gutfeuchte umrechnen und damit vergleichbar machen zu können.

Neben der Ertragsmessung im Mähdrescher wurden auch Messsysteme zur Bestimmung der Pflanzenmassedichte im Hinblick auf die Dosierung von Dünger und Pflanzenschutzmitteln entwickelt. Zu nennen ist hier ein Sensor, der einem physikalischen Pendel entspricht, dessen Auslenkung beim Durchstreifen des Bestandes der Pflanzenmassendichte entspricht [19, 20, 21].

2.2.2 Ertragsmesssysteme für Kartoffeln und Zuckerrüben

Wurzel- und Knollenfrüchte unterscheiden sich durch vergleichsweise große Flächenerträge und den Erdanhang von anderen Erntegütern. Dadurch sind angepasste Verfahren zur Massestromermittlung erforderlich. Die untersuchten Varianten für Kartoffeln und Rüben reichen von direkten Messverfahren mit Wägezellen, Prallplatten oder der Absorption von elektromagnetischer Strahlung bis zu indirekten Messverfahren wie der Bildverarbeitung zur Bestimmung von Anzahl und Größe einzelner Rüben oder Kartoffeln, der optischen Volumen bzw. Volumenstrommessung oder der Massestrombestimmung auf Basis des Leistungsbedarfs. Dabei kann nur bei der Messung anhand der Absorption von elektromagnetischer Strahlung zwischen Erntegut und Beimengungen, wie Erdanhang oder Steinen, unterschieden werden. Einige Ansätze führten bereits zu praxistauglichen Lösungen.

Zahlreiche Untersuchungen erfolgten mit Wägezellen, die zumeist an den Tragrollen von Förderbändern angebracht wurden [10, 12]. Diese Systeme ermitteln die Gewichtskraft des Erntgutes auf dem Fördergurt und berechnen unter Einbeziehung der Geschwindigkeit des Fördergurtes den Massestrom. Derartige Systeme wurden bereits auf dem Markt eingeführt. Für Rüben wurden Messsysteme u.a. von WALTER und BACKER [67], HALL et al. [28] und SCHWENKE et al. [57] untersucht. HALL et al. erreichten bei zugweiser Referenzwägung Standardabweichungen der Messfehler zwischen 10 und 11 %, wobei unter trockeneren Bedingungen kleinere Fehler zu erwarten sind. SCHWENKE et al. erreichten bei der Wägung an Tragrollen am waagerechten Teil des Rübenelevators mittlere Fehler von –0,2 bis +9,5 %. Die zugrundeliegenden fünf Teilflächen waren zwischen 0,73 und 2,92 ha groß. Problematisch wirken sich bei der Wägung stets Schwingungen aus, die u.a. durch Bodenunebenheiten hervorgerufen werden. Diesem Einfluss kann mit einem möglichst geringen Eigengewicht, der auf den Wägezellen gelagerten Maschinenteile, entgegengewirkt werden.

EHLERT [22, 24, 25] untersuchte mit einem Laboraufbau die Ertragsermittlung bei Kartoffeln mittels Prallplatte. Um die in der Erntemaschine auftretenden vertikalen Schwingungen simulieren zu können, wurde das Förderband im Versuchsaufbau abgabeseitig mit einer Kurbelschwinge verbunden. Die Masse der Kartoffeln variierte von 1 bis 40 kg und die resultierenden Standardabweichungen der Messfehler bei den Messungen betrugen ohne Einsatz der Kurbelschwinge 2,3 % und sonst 2,5 %, bezogen auf die mittlere Massebelegung von 20 kg. Diese Werte wurden bei den jeweils günstigsten Kombinationen aus Prallplattenanordnung und Fördergurtgeschwindigkeit erzielt. HENNENS et al. [29] führten Untersuchungen mit einer nahe dem Rübenreiniger installierten Prallplatte durch und erreichten Messfehler, die 3 % nicht überstiegen.

Eine Ertragserfassung, die auf der Absorption von Gammastrahlung durch das Erntegut beruht, wurde von BAGANZ [7] untersucht. Um eine selektive Erfassung der Erntgutmasse zu ermöglichen, wurden zwei Strahlungsquellen unterschiedlicher Wellenlänge (Americium-241 und Caesium-137) eingesetzt. Bei Tests wurde das Erntegut auf einem Förderband zwischen den Strahlungsquellen und –empfängern hindurchgeführt. Ein Test des Messverfahrens unter Praxisbedingungen erfolgte nicht.

Ein auf Zählung der Kartoffeln basierendes System der Fa. AGEC AB aus Schweden wurde durch EHLERT [22, 25] und PERSSON et al. [47] untersucht. Durch eine Kamera wurde die Größe einzelner Kartoffeln anhand der Pixelanzahl ermittelt. Die Massebestimmung erfolgte nach einer exponentiellen Kalibrierfunktion. Die Messgenauigkeit nahm bei zunehmender Abweichung Kartoffeln von einer Kugelform ab. Einfluss hatten auch Feuchte, Staub und Vibrationen. SCHMITTMANN et al. [55, 56] untersuchte die Ertragsermittlung bei Zuckerrüben durch Zählung bzw. Messung des maximalen Durchmessers der Einzelrüben. Vorteil dieses Verfahrens ist, dass die Kalibrierung mit Rüben ohne Erdanhang durchgeführt werden kann. Problematisch sind Abweichungen von der

Normform, die durch Standortfaktoren, z.B. dem verfügbaren Wasser, beeinflusst werden.

KROMER et al. [35] untersuchten die Ertragsermittlung in einem Köpfrodebunker mittels optischer Füllstandsmessung im Bunker. Dabei wurden die Ergebnisse durch die Schüttdichte beeinflusst. Eine weitere Möglichkeit, die auf der optischen Volumenbestimmung beruht, ist die Profilmessung des Volumenstromes auf Förderbändern. Auch dabei sind mögliche unterschiedliche Schüttdichten zu beachten.

Ein Messsystem, dass die Leistungsaufnahme des Elevatorantriebes zur Massestrombestimmung nutzt, wurde von ISENSEE [32, 33] untersucht. Am Hydraulikmotor wurden Druckdifferenz und Drehzahl gemessen und zur Bestimmung der Antriebsleistung verwendet (Abbildung 2.1).

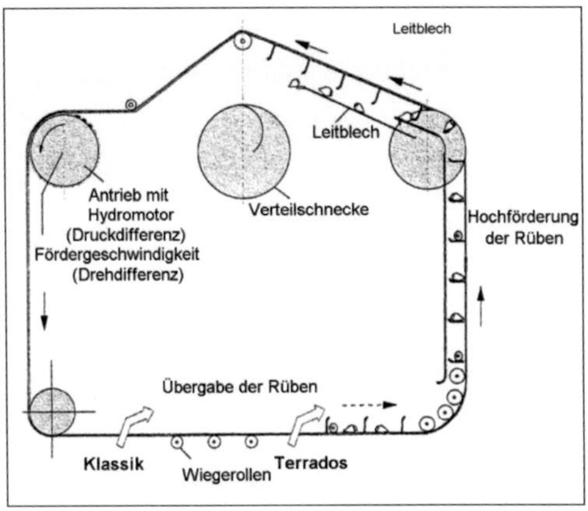

Abbildung 2.1: Ertragsmesssystem im Rübenernter [32]

Die erforderliche Leistung stieg ausgehend von der Leerlaufleistung proportional mit dem Massestrom. Im unbeladenen Zustand benötigte der Elevatorantrieb ca. 50 % weniger Leistung als im beladenen Zustand. Weiterhin wirksam werdende Einflussgrößen waren der Füllungsgrad des Bunkers, weil bei hoher Befüllung Teile der Fördereinrichtung am

Bunkerinhalt schliffen, und die variierende Leerlaufleistung. Letztere war v.a. von Öltemperatur und Verschmutzung abhängig und musste regelmäßig kontrolliert und in der Massestrombestimmung korrigiert werden. Der Zusammenhang zwischen Leerlaufleistung und Temperatur des Hydrauliköls wurde mit Temperaturanzeigen deutlich gemacht. Bei den Messungen wurden Fehler von wenigen Prozent pro Bunkerfüllung festgestellt, wenn ein korrekter Leerlaufabgleich durchgeführt wurde und der Bunker nicht überfüllt war. Als Referenzwert diente jedoch nicht der Massestrom sondern die Masse des Bunkerinhalts, die mehrere Tonnen betrug.

2.2.3 Ertragsmesssysteme für Grünland und Feldfutter

Für die Ertragsermittlung bei Grünland und Feldfutter sind verschiedene Ansätze möglich. Zum einen bezüglich der Maschine, in die das Ertragsmesssystem integriert wird. Dabei sind im wesentlichen Mähwerke, Feldhäcksler und Ballenpressen zu nennen. Zum anderen sind auch verschiedene Messprinzipien anwendbar. Bisher betrachtet wurden die Bestimmung des Volumenstromes aus der Querschnittsfläche des Gutstromes und der Gutgeschwindigkeit in der Erntmaschine. Zur Bestimmung des Massestromes reichten die Verfahren von der Wägung über die Leistungserfassung an Arbeits- und Antriebsorganen bis zur Nutzung von Prallplatten.

2.2.3.1 Messsysteme in Feldhäckslern

Bereits seit mehreren Jahrzehnten wird an Messverfahren für Feldhäcksler gearbeitet, was zu einer ganzen Reihe verschiedener Durchsatzmesssystemen führte (Abbildung 2.2) [6, 23, 54, 58, 61].

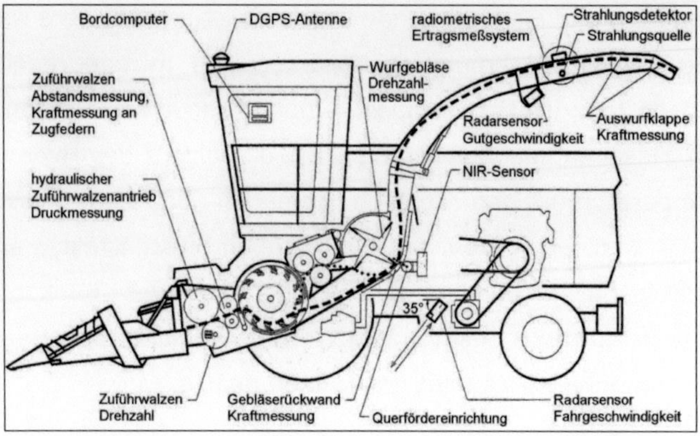

Abbildung 2.2: Ertragsmesssysteme im Feldhäcksler [58]

Die verschiedenen Systeme unterscheiden sich hinsichtlich ihrer Genauigkeit und des erforderlichen Aufwandes zur Implementierung im Feldhäcksler. Viele Untersuchungen betrachteten die Auslenkung der Einzugswalzen durch das Erntegut. Aus deren Breite und Abstand lies sich der Gutquerschnitt und zusammen mit der Umfangsgeschwindigkeit der Walzen der Volumenstrom bestimmen. Für die Ermittlung der Dichte zur Berechnung des Massestromes wurden Kalibrierfunktionen erstellt. Für eine hohe Genauigkeit des Systems wurden auch die Dichteschwankungen in Abhängigkeit von der Spaltbreite berücksichtigt. Beispiele für die Genauigkeiten derartiger Systeme werden bei SCHMITTMANN et al. [54] mit 88 bis 98 % angegeben. EHLERT [23] nennt Standardabweichungen der Messfehler von 8,23 % als Ergebnis mehrjähriger Versuche. Weitere Entwicklungen zielten auf den Leistungsbedarf verschiedener Arbeits- und Antriebselemente wie Häckseltrommel, Vorsatzgerät, Gebläse oder Hauptantrieb [6, 61]. Eine weitere umfangreiche Gruppe verschiedener Messverfahren widmete sich dem Gutstrom im Auswurfkrümmer. In diesem Bereich wurde entweder der Massestrom unter Nutzung des Erntegutimpulses an Kraftmesseinrichtungen, die in den Auswurfkrümmer hineinragen ermittelt oder der Volumenstrom durch Messung der Querschnittsfläche des Gutstromes. In beiden Fällen war auch die Kenntnis der Gutgeschwindigkeit erforderlich. Die Ermittlung der Querschnittsfläche erfolgte in den Untersuchungen radiometrisch [6], optisch

[54] oder durch Ultraschall [54]. Die Gutgeschwindigkeitsmessung wurde jeweils mit einem Radargeschwindigkeitssensor durchgeführt. Bei diesen Messverfahren am Auswurfkamin konnten Messgenauigkeiten von 75 bis 95 % (Impulskraftaufnehmer) [54], bis 93 % (optische und Ultraschallmessverfahren) [54] oder eine Standardabweichung der Messfehler von 3,347 % (radiometrisch) [6] erreicht werden.

2.2.3.2 Messsysteme in Ballenpressen

Neben dem Feldhäcksler werden in der Futterernte Ballenpressen eingesetzt. Bekannte Ertragsmessverfahren für diese Maschinen zielen auf die Masseermittlung des Ballens bzw. der gesamten Ballenpresse inklusive Ballen. Für Rundballen wurden Wägesysteme entwickelt, die das Gewicht der gesamten Maschine mit Dehnmessstreifen an den Laufrädern, der Deichsel und der Pickup erfassen [34, 70]. Statische Messungen bei stehendem Fahrzeug erbrachten sehr geringe Messfehler, die im Mittel -0,4 kg betrugen. Bei etwa 75 % der Ballen war der Fehler kleiner als ±1 kg. Bei Wägung während des Einsatzes der Maschine wurden dagegen Fehler zwischen -60 und +20 kg registriert. Etwa 75 % der relativen Fehler lagen im Bereich ±5 %. Bei Quaderballenpressen wurde nicht die gesamte Maschine gewogen, sondern lediglich der Ballen an der Abwurfschurre [51, 52]. Die letzte Rolle wurde mit Wägezellen ausgestattet, so dass das Gewicht des Ballens ermittelt werden konnte, wenn er beim Abkippen einzig auf der Wiegerolle aufliegt. Die erreichbare Genauigkeit war von der Ballengröße abhängig. Während bei kurzen Ballen Fehler bis 16 % auftraten, waren bei längeren Ballen nur Fehler bis 7 % zu beobachten. Damit waren mittels Wägung in Ballenpressen teils recht gute Ergebnisse bei der Ertragsermittlung zu verzeichnen. Jedoch gilt dies nur für ganze Ballen. Diese beinhalten das Erntegut eines vergleichsweise langen und schmalen Streifens der beernteten Fläche, wodurch die Erstellung von Ertragskarten erschwert wird.

2.2.3.3 Messsysteme in Mähwerken

Der Vorteil von Messungen im Mähwerk ist die Möglichkeit der genaueren geografischen Zuordnung der Erträge zum Aufwuchsort, die bei der Messung im Feldhäcksler oder der Ballenpresse nach vorhergehendem Wenden, Zetten und Schwaden nicht mehr in diesem Maße möglich ist. Des weiteren kommt das Mähwerk unabhängig von der nachfolgenden Bearbeitung immer zum Einsatz. Als Nachteil könnte sich erweisen, dass es bis zur Bergung des Erntegutes noch zu Verlusten, beispielsweise durch das Bröckeln bei Heu, kommen kann.

DEMMEL et al. [14] stellte ein Ertragsmesssystem für ein gezogenes Scheibenmähwerk mit Aufbereiter und Schwadversetzer in Form eines Querförderbandes vor (Abbildung 2.3). Mittels Wägezellen zwischen den Tragarmen und dem Rahmen des Förderbandes wurde die Masse ermittelt und mit der per Radargeschwindigkeitssensor gemessenen Gutgeschwindigkeit zum Massestrom verrechnet.

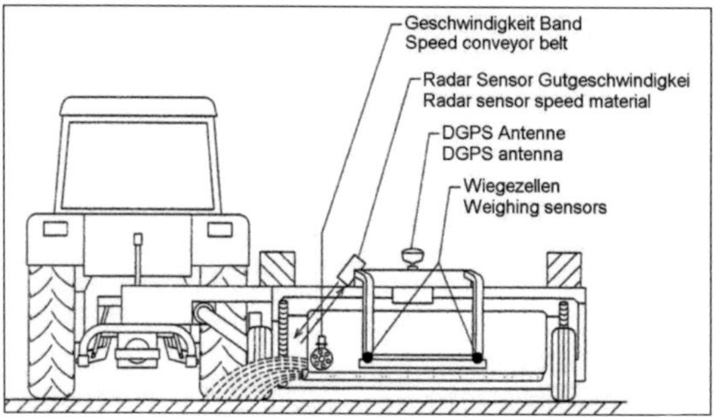

Abbildung 2.3: Ertragsmesssystem im Mähwerk mit Schwadvesetzer [14]

Aus dem Massestrom, der Arbeitsbreite und der Fahrgeschwindigkeit ergab sich dann der Flächenertrag. Getestet wurde das System auf mehreren 1,5 bis 3,4 ha großen Kleegras-Schlägen. Bei der Überprüfung der Genauigkeit durch Referenzwägung von 820 Parzellen zu 11,6 m^2 ergaben sich bei mittleren Erträgen zwischen 11,39 und 21,34 t/ha Standardabweichungen der relativen Fehler zwischen 9,62 und 13,63 %. Dabei wurden jedoch alle Einzelwerte deren Fehler 25 % überstieg, nicht berücksichtigt. Dies entsprach einem Anteil der Parzellen zwischen 9 und 28 %. Als problematisch hat sich die Erfassung der Gutgeschwindigkeit per Radargeschwindigkeitssensor erwiesen. Wenn das Erntegut den Fördergurt nicht vollständig bedeckt, kann seine Geschwindigkeit nicht zuverlässig erfasst werden, wodurch das Ergebnis verfälscht wird.

Zwei weitere Ertragsmesseinrichtungen für Mähwerke wurden von KUMHÁLA et al. untersucht [37, 38, 39, 40] (Abbildung 2.4).

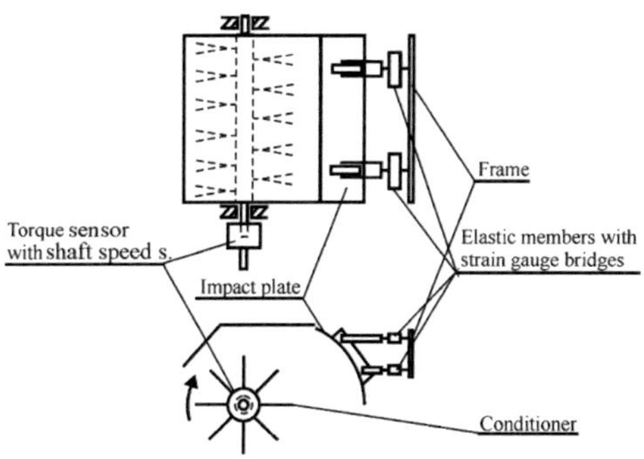

Abbildung 2.4: Ertragsmesssystem im Mähwerk mit Aufbereiter [38]

Eine basiert auf der Ermittlung des Leistungsbedarfs des Fingeraufbereiters aus dem gemessenen Drehmoment und der Drehzahl. Die Messgenauigkeit wurde mittels Prüfstandsversuchen ermittelt, bei denen das Erntegut mit einem Förderband zugeführt wurde. Die je 5 s dauernden Einzelmessungen wurden mit Mischungen aus Gras und Luzerne durchgeführt [40]. An zwei verschiedenen Tagen wurden Messreihen erstellt bei denen Masseströme zwischen 1 und 8 kg/s realisiert wurden. Dies entspräche bei einer Arbeitsbreite von 2,15 m und einer angenommenen Fahrgeschwindigkeit von 10 km/h einem Flächenertrag zwischen 16,7 und 133,3 dt/ha. Für beide Messreihen wurde je eine lineare Regression erstellt, wobei auffiel dass sich deren Anstiege mit 0,7423 bzw. 0,4815 kW / ($kg \cdot s^{-1}$) stark unterschieden.

Dies wurde mit der Erntegutbeschaffenheit begründet. Die Fehler der Einzelmesswerte überstiegen in Einzelfällen ±15 %, wobei die Bestimmtheitsmaße mit 0,89 bzw. 0,97 angegeben wurden. In weiteren Untersuchungen zum Einfluss der Erntegutart und der Intensität der Aufbereitung [38] zeigte sich ein sehr starker Einfluss beider Größen, die sich in Regressionsgeradenanstiegen zwischen 0,5 bis 1,7 kW / ($kg{\cdot}s^{-1}$) niederschlugen. Im gleichen Versuchsaufbau war auch eine an vier Punkten befestigte Prallplatte integriert, um den Impuls des Ernteguts beim Auswurf aus dem Mähwerk erfassen zu können. Die Ausgangsspannung der Dehnmessstreifenbrücken wurde für die Auswertung in ein Frequenzsignal umgewandelt, welches bei den Prüfstandsversuchen eine lineare Abhängigkeit vom Massestrom zeigte. Dabei wurden Regressionsgeradenanstiege von 22,177 bzw. 23,174 Hz / ($kg{\cdot}s^{-1}$) und Bestimmtheitsmaße von 0,96 und 0,95 ermittelt. Damit war eine deutlich geringere Materialabhängigkeit als beim Leistungsbedarf des Aufbereiters festzustellen. Die Messfehler betrugen in den dargestellten Diagrammen bis ca. ±15 %. Damit wurden bei den Messungen mit der Prallplatte bessere Ergebnisse als mit der Leistungserfassung am Aufbereiter erzielt. Keine Angaben fanden sich bei diesen Messverfahren bezüglich der Genauigkeit beim Ernteeinsatz. Dies wäre hilfreich, um die Auswirkungen möglicher Störgrößen, die nur in Feldversuchen und nicht in Prüfstandsversuchen zum Tragen kommen, einschätzen zu können.

Den beschriebenen und in Tabelle 2.1 zusammengefassten Ertragsmesssystemen für Mähwerke mangelt es an Genauigkeit, die Messergebnisse werden sehr stark von Maschineneinstellungen und Ernteguteigenschaften beeinflusst oder es liegen bisher keine Ergebnisse zur Anwendung unter Praxisbedingungen vor.

Tabelle 2.1: Ertragsmesssysteme in Mähwerken

Messverfahren	Quelle	Genauigkeit	Bewertung
Wägung an einem Schwadversetzer-förderband	Demmel et al. [13]	nach Aussortieren aller Einzelwerte mit Fehlern über 25 % Standardab-weichungen zwischen 9,62 und 13,63 %	Ursachen für die Entstehung der hohen Fehler bei einzelnen Messungen nicht bekannt; bei der Wägung hohes Taragewicht sowie Einfluss von Schwingungen durch Bodenunebenheiten bei nur kurzer Verweildauer des Erntegutes auf dem Förderband
Leistungsbedarf des Aufbereiters	Kumhála et al. [37, 38, 39, 40]	Starke Schwankungen der Kalibrierfaktoren in Abhängigkeit von den Maschineneinstellungen und den Ernteguteigenschaften; innerhalb einzelner Ver-suchsreihen Abweichungen bis zu ±15 %	Abhängigkeit des Leistungsbedarfs vom Grad der Aufbereitung und vom Zustand des Erntegutes lässt sich nur durch Berücksichtigung in einer Vielzahl von Kalibrierungen kompensieren
Impulsmessung an einer Prallplatte	Kumhála et al. [38, 40]	nur geringe Schwankungen der Kalibrierfaktoren in Abhängigkeit von den Maschineneinstellungen und den Ernteguteigenschaften; innerhalb einzelner Ver-suchsreihen Abweichungen bis zu ±15 %	Messungen erfolgten nur auf einem stationären Prüfstand, wodurch eine Einschätzung der Einflüsse in einem fahrenden Mähwerk nicht möglich ist

Damit stehen für die Ertragserfassung in Mähwerken noch keine geeigneten Messsysteme zur Verfügung. Aufgrund der systembedingten Nachteile erscheint auch eine Verbesserung der untersuchten Messsysteme zu praxistauglichen Systemen als nicht realisierbar. Dies gilt v.a. mit Blick auf die Einflussgrößen, deren Kompensation einen erheblichen Aufwand erfordert, aber zum Erreichen einer höheren Genauigkeit unerlässlich ist.

2.3 Eigenschaften von Halmgut

Zum Verhalten von Halmgut unter Biege-, Zug- und Scherbeanspruchungen finden sich in der Literatur Untersuchungen an Wiesenlieschgras, in denen eine Vielzahl von Einflussgrößen deutlich werden. Bei der Trennung des Grases wirken sich Lage der Trennstelle, Erntezeit, Anteil und Anordnung von Gerüstsubstanzen und der Wassergehalt auf die benötigte Kraft aus [1]. Für die Zugbruchspannung sowie die Brucharbeit wurde darüber hinaus auch eine Abhängigkeit von der Dehnungsgeschwindigkeit festgestellt [2]. Auch die Biegesteifigkeit ist von der Feuchtigkeit und dem Bereich des Halmes abhängig [16].

Für die zum Grasschnitt erforderliche Leistung ist u.a. die Beschaffenheit der Messer, z.B. deren Schärfe [53], relevant. Weiterhin zeigten Untersuchungen an einem Scheibenmähwerk, dass die an den Messern zur Verfügung stehende Leistung nur ca. 35 % der per Gelenkwelle an das Mähwerk übertragenen Leistung entspricht. Die verbleibenden 65 % teilen sich in Antriebsverluste (20 %), Reibungsverluste am Mähgut (25 %) und Windwiderstand an den schnell rotierenden Scheiben (20 %) auf [42]. Am häufig vorhandenen Aufbereiter ist die Antriebsleistung abhängig von der Art des Ernteguts sowie Maschineneinstellungen, wie der Aufbereitungsintensität [37, 38, 39, 40].

Zusammenfassend kann festgestellt werden, dass bei einer Massestromermittlung auf Basis von Kraft-, Drehmoment oder Leistungsmessungen am Mähbalken oder Aufbereiter eine Vielzahl sich stark auswirkender Einflussgrößen auftreten. Zur Erreichung einer hohen Genauigkeit sind jeweils genaue Kenntnisse der relevanten Parameter sowie eine dementsprechende Vielzahl von Kalibrierfunktionen erforderlich. Dies erscheint allein zur Massestromermittlung unzweckmäßig.

3 Zielsetzung

Eine teilflächenspezifische Bewirtschaftung in der Landwirtschaft erfordert eine Reihe von standortbezogenen Informationen. Eine wesentliche Größe sind Höhe und Verteilung der Erträge, da die Literatur zeigt, dass innerhalb einzelner Schläge häufig eine hohe lokale Variabilität existiert. Daher erfolgte in der Vergangenheit bereits für verschiedene Erntegüter die Entwicklung von Ertragsmesssystemen, die unterschiedliche Messgrößen und -verfahren nutzen. Bei Grünland und Feldfutter mangelt es den bisherigen Untersuchungen zufolge v.a. bei Ertragsmesssystemen an Mähwerken noch an Genauigkeit oder es ist eine starke Abhängigkeit vom jeweiligen Erntegut bzw. den Maschineneinstellungen deutlich geworden. Bei Feldhäckslern konnten zwar bereits hohe Genauigkeiten des Messsystems erreicht werden, eine exakte Zuordnung der Messwerte zu den Aufwuchsorten ist aber problematisch. Damit existiert für Grünland und Feldfutter noch kein Messsystem, das sich sowohl durch eine hohe Genauigkeit als auch durch eine hohe räumliche Auflösung auszeichnet.

Das Ziel der Arbeit ist es daher, ein Ertragsmesssystem für Grünland und Feldfutter zu entwickeln, das in der Lage ist die mögliche Ertragsvariabilität innerhalb eines Schlages mit hinreichender Genauigkeit und geografischer Zuordnung zu erfassen.

Aufgrund der möglichen genauen Zuordnung von Erntegut und Aufwuchsort soll für diesen Zweck ein Mähwerk genutzt werden. Es ist ein geeignetes Messverfahren zu wählen, wobei die Auswahl anhand der bisherigen Untersuchungen an Ertragsmesssystemen in Erntemaschinen und der Möglichkeit zur Implementierung im Mähwerk erfolgen soll.

Nach Abwägung dieser Kriterien soll die Ertragserfassung an einem Schwadversetzer realisiert werden. Dieser besteht aus einem Förderband, welches das Erntegut innerhalb des Mähwerks aufnimmt, transportiert und abwirft. Die Leistungsaufnahme dieses Förderbandes soll für die Massestromermittlung genutzt werden.

Zur Entwicklung des Ertragsmesssystems sollen folgende Teilschritte umgesetzt werden:

- Betrachtung des Gutstromes in der Erntemaschine zur Auswahl einer geeigneten Messgröße
- Aufbau eines Messsystems mit den notwendigen Sensoren
- Durchführung und Bewertung von Prüfstandsversuchen zur Untersuchung der Eigenschaften des Messsystems unter Ausschluss möglicher Störgrößen und zur gezielten Veränderung möglicher Einflussgrößen
- Aufbau eines Ertragsmesssystems am Mähwerk mit geeigneter Führung des Gutstromes und ggf. Optimierung nach Vorliegen erster Ergebnisse
- Durchführung und Bewertung von Feldversuchen zur Ermittlung der erreichbaren Genauigkeit im Feldeinsatz

Abschließend erfolgt eine Beurteilung der Möglichkeiten und Grenzen dieses Ansatzes zur Ertragsermittlung.

4 Theoretische Betrachtung des Erntegutstromes

4.1 Beschreibung des Gutflusses im Mähwerk

Zum Mähen des Ernteguts, dem Abschneiden bzw. Abschlagen der einzelnen Halme und Blätter, stehen verschiedene Arten von Mähwerken zur Verfügung [26, 69]. Balkenmähwerke, die das Erntegut im Scherenschnitt abtrennen, zeichnen sich durch ein geringes Gewicht und kleinen Leistungsbedarf aus. Die Messergeschwindigkeiten betragen nur 2 bis 4 m/s. Aufgrund ihrer eingeschränkten Leistungsfähigkeit und des hohen Wartungsaufwandes haben sie jedoch nur noch eine untergeordnete Bedeutung. Genutzt wird diese Technik beispielsweise an Schneidwerken von Mähdreschern. Weiter verbreitet sind leistungsfähigere Kreiselmähwerke, zu denen Scheiben- und Trommelmähwerke gehören (Abbildung 4.1).

Abbildung 4.1: Scheibenmähwerk (links) und Trommelmähwerk (rechts) [11, 72]

Sie schneiden das Erntegut im freien Schnitt, wozu sehr hohe Umfangsgeschwindigkeiten von 60 bis 80 m/s erforderlich sind. Dies ermöglicht Arbeitsgeschwindigkeiten bis ca. 15 km/h, womit hohe Flächenleistungen erzielt werden können. Bevorzugt werden Scheibenmähwerke eingesetzt, da diese einen leichterer Aufbau haben, wodurch größere Arbeitsbreiten realisiert werden können. Trommelmähwerke haben einen einfacheren Aufbau und bilden schmale und hohe Schwade. Ihr Leistungsbedarf ist höher als bei Scheibenmähwerken.

Nach dem Abschneiden des Ernteguts werden die Mähorgane aufgrund der Relativgeschwindigkeit zwischen Grasnarbe und Erntegut hindurchgeführt. Im Anschluss kann eine Aufbereitung erfolgen, die durch Knicken, Quetschen oder Aufreißen der Halme und Blätter eine schnellere Abtrocknung bewirken soll. Eingesetzt werden dafür entweder rotierende Schlagwerkzeuge wie Stahlzinken oder quetschend wirkende Walzen, die unmittelbar hinter dem Mähwerk in den Maschinen integriert sind (Abbildung 4.2).

Abbildung 4.2: Aufbereiter mit Stahlzinken und Quetschwalzen [72]

Im Anschluss daran erfolgt der Auswurf aus dem Mähwerk, wobei die Form des Schwades beeinflusst werden kann. Hierzu können einstellbare Leitbleche oder angetriebene Schwadversetzer in Form kurzer Querförderbänder Anwendung finden (Abbildung 4.3).

Abbildung 4.3: Schwadformer mit Querförderband [36]

4.2 Beschreibung der gewählten Messgröße

Die bisher untersuchten Verfahren zur Massestromermittlung auf Basis der Leistungserfassung an den Arbeitsorganen Mähbalken und Aufbereiter zeigten deutliche Abhängigkeiten von den Maschineneinstellungen sowie den Mähguteigenschaften. Bei Vorhandensein eines Schwadversetzers mit Querförderband wurde bisher nur die Massestromermittlung mittels Wägung getestet [14]. Die Möglichkeit der Massestromermittlung auf Basis des Leistungsbedarfes des Fördergurtantriebes wurde bisher nicht untersucht und soll näher betrachtet werden.

Das Mähgut trifft mit einer Anfangsgeschwindigkeit auf den Fördergurt und wird auf die Gurtgeschwindigkeit beschleunigt. Für die Beschleunigung und den Transport ist eine Leistung P erforderlich, die sich in verschiedene Anteile gliedert. Bei Stetigförderern mit umlaufenden Fördergurten werden dementsprechend Bewegungswiderstände F unterschieden [17, 44], deren Summe der Trommelumfangskraft F_{Tr} entspricht, die vom Antrieb an den Fördergurt übertragen werden muss. Als Hauptwiderstände F_H gelten Bewegungswiderstände, die auf der gesamten Förderweglänge auftreten. Bei sehr kurzen Gurtförderern, wie sie bei Schwadversetzern Anwendung finden, werden diese durch die Hubarbeit bei geneigter Förderstrecke dem Durchhang des Gurtes zwischen den Trommeln verursacht. Letzteres wirkt sich auf die innere Reibung sowohl des Gurtes als auch des Fördergutes aus. Nur an einzelnen Stellen auftretende Trägheits- und Reibungswiderstände sind Nebenwiderstände F_N, beispielsweise bei der Beschleunigung des Fördergutes oder Biegung des Gurtes um die Trommeln. Zu den Sonderwiderständen zählen einzelne Widerstände, die nicht bei allen Gurtförderern auftreten z.B. Reibungswiderstand zwischen dem Fördergurt und seitlichen Begrenzungen sowie Widerstände bei der Gutabgabe.

In Erntemaschinen werden v.a. sog. „leichte Fördergurte“ für Transportzwecke eingesetzt [18]. Bezüglich des Aufbaus sind verschiedenste

Werkstoffkombinationen möglich, wobei die Zugfestigkeit der Gurte meist durch synthetische Gewebeeinlagen erreicht wird. Da sie vorwiegend in nicht standardisierten Maschinen Anwendung finden, sind ihre Abmessungen ebenfalls unterschiedlich. Dies gilt ebenso für die Eigenschaften wie Elastizität, Reibwerte oder Biegsamkeit.

Theoretisch bestimmt werden können die kinetische und die potentielle Energie, die dem Fördergut entsprechend der Geschwindigkeitsänderung und der Neigung des Fördergurtes zugeführt werden muss. Unter Kenntnis dieser Größen kann der Massestrom aus der Antriebsleistung ermittelt werden. Nicht bekannt oder allgemeingültig bestimmbar sind die Reibungsverluste. Sie treten innerhalb des Mähgutes, des Fördergurtes und der Trommellager als auch zwischen Mähgut und Fördergurt, Mähgut und Fördergurtrahmen, Fördergurt und Trommeln sowie Fördergurt und unbewegten Teilen des Fördergurtrahmens, z.B. Gleitschienen, auf. Weiterhin kann an elastischen Spanneinrichtungen Arbeit verrichtet werden. Diese Verluste können neben dem Massestrom auch von anderen Einflussgrößen abhängig sein. Ob und in welchem Umfang diese Größen das Ergebnis der Massestrommessung beeinflussen können und sich damit auf die erreichbare Genauigkeit auswirken, ist experimentell zu bestimmen.

Die dem Fördergut zuzuführende kinetische Energie E_{kin} ist von seiner Masse m sowie der Anfangs- und Endgeschwindigkeit, v_1 und v_2, abhängig und beträgt:

$$E_{kin} = \frac{m}{2} \cdot (v_2^2 - v_1^2) \tag{4.1}$$

Vorausgesetzt das Fördergut erreicht auf der kurzen Förderstrecke die Geschwindigkeit des Gurtes, ergeben sich damit die in Abbildung 4.4 dargestellten Werte für unterschiedliche Massen und Gurtgeschwindigkeiten bei einer Anfangsgeschwindigkeit des Fördergutes von 0 m/s.

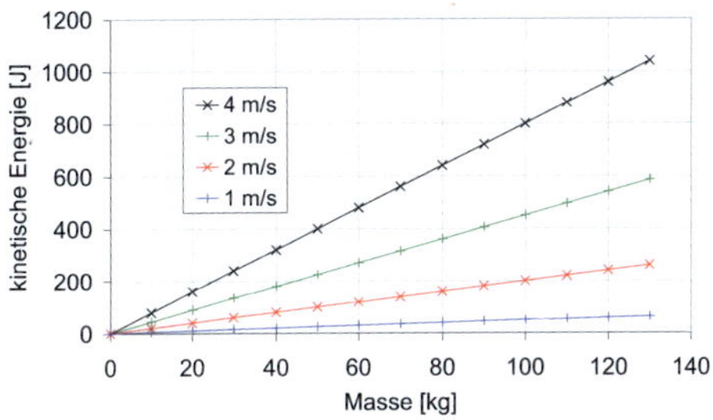

Abbildung 4.4: Zuzuführende kinetische Energie in Abhängigkeit von der Masse des Förderguts für verschiedene Gurtgeschwindigkeiten

Beim Anheben bzw. Absenken des Fördergutes entlang der Förderstrecke wird dessen potentielle Energie E_{pot} verändert, deren Betrag von der Masse m, der Fallbeschleunigung $g = 9{,}81 \frac{m}{s^2}$ und der Höhendifferenz h abhängig ist.

$$E_{pot} = m \cdot g \cdot h \tag{4.2}$$

Für eine Förderstrecke von 1 m sind die zuzuführenden potentiellen Energien für verschiedene Neigungswinkel in Abbildung 4.5 dargestellt.

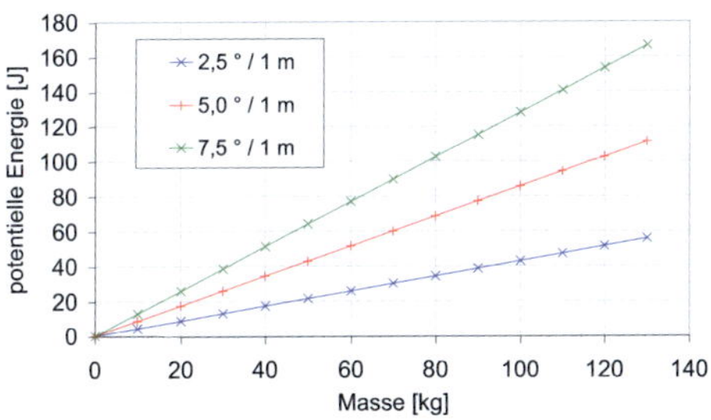

Abbildung 4.5: Zuzuführende potentielle Energie in Abhängigkeit von der Masse des Förderguts für verschiedene Neigungswinkel

Zur Bestimmung des Massestromes $\dot{m}$ soll die Antriebsleistung P am Fördergurt ermittelt werden. Diese lässt sich, wie in Gl. (2.3) beschrieben aus dem Drehmoment M und der Winkelgeschwindigkeit ω berechnen. Die Winkelgeschwindigkeit lässt sich, wenn kein lastabhängiger Schlupf zwischen

Antriebstrommel und Fördergurt auftritt, auch aus dem Durchmesser der Antriebstrommel d und Gurtgeschwindigkeit v_G ableiten. Letztere ist aus der konstanten Fördergurtlänge l und der Umlaufzeit des Fördergurtes T zu bestimmen.

$$\omega = \frac{\varphi}{t} = \frac{2\pi \cdot \frac{l}{\pi d}}{T} = \frac{2l}{d \cdot T} \qquad (4.3)$$

Ist eine genaue Bestimmung von l und d nicht möglich, kann auch der Drehwinkel φ_U, der genau einem Gurtumlauf entspricht ermittelt und mit Gurtumlaufzeit T zur Bestimmung von ω genutzt werden.

$$P = \frac{2l}{d} \cdot \frac{M}{T} = \varphi_U \cdot \frac{M}{T} \qquad (4.4)$$

Ist nicht die Leistung sondern die verrichtete Arbeit W, z.B. zur Bestimmung von Massen statt Masseströmen, von Interesse, kann diese mit

$$W = M \cdot \varphi \qquad (4.5)$$

ermittelt werden.

Neben der Bestimmung der vom Fördergurtantrieb abgegebenen Leistung ist auch die Messung der vom Motor aufgenommenen Leistung möglich. Diese beinhaltet jedoch nicht nur die vom Fördergurt benötigte Leistung, sondern auch die im Antrieb entstehenden Verluste. Deren Anteil ist vom Wirkungsgrad des Antriebes abhängig. Bei den häufig in Erntemaschinen eingesetzten Hydraulikmotoren ergibt sich die aufgenommene Leistung aus der Druckdifferenz Δp und dem Volumenstrom $\dot{V}$.

$$P = \Delta p \cdot \dot{V} \qquad (4.6)$$

5 Experimentelle Untersuchungen

Nach der theoretischen Betrachtung der gewählten Messgröße folgt die experimentelle Untersuchung des Zusammenhangs zwischen gefördertem Massestrom und der dafür aufzuwendenden Leistung. Diese ist nicht allein vom gefördertem Massestrom abhängig, sondern kann durch eine Vielzahl weiterer Größen beeinflusst werden. Durch Versuche ist zu klären, wie sich verschiedene mögliche Einflussgrößen auf das Messergebnis auswirken.

5.1 Zu erfassende Messgrößen

5.1.1 Prüfstandsversuche im Leerlauf

Zunächst soll das Verhalten des Gurtförderers im Leerlauf untersucht werden. Im aufgebauten Prüfstand ist es möglich, die einzelnen Bauteile und ihren Einfluss auf den Leistungsbedarf zu betrachten. Nachfolgend werden die zu untersuchenden Größen beschrieben.

Dynamik des Messsignals

Um die notwendigen Einstellungen des Messsystems für eine korrekte Messwerterfassung und –auswertung festlegen zu können, wird die Dynamik des Messsignals untersucht. Mögliche Ursachen für eine Variation des Drehmomentes liegen in der Hydraulikanlage und den Bewegungswiderständen des Gurtförderers begründet. Die Hydraulikpumpe erzeugt einen pulsierenden Volumenstrom und Druckverlauf. Der Hydraulikmotor gibt ebenso ein pulsierendes Drehmoment ab [8]. Diese Frequenzen betragen jeweils ein Vielfaches der Drehzahl. In wesentlich niedrigeren Frequenzbereichen können Lastschwankungen, verursacht z.B. durch einen über die Länge des Fördergurtes schwankenden Biegewiderstand oder unterschiedlich starke Reibung an den seitlichen Gleitschienen des Gurtförderers, auftreten. Daher werden die Drehmomentmesswerte im Leerlauf, d.h. auch bei gleich bleibender Belastung des Motors gemessen. Auf Basis dieser Untersuchung erfolgen Überlegungen zu einer ggf. notwendigen Signalglättung.

Abtastrate

Um verwertbare Messergebnisse erzielen zu können, wird die Abtastrate ermittelt, die notwendig ist, um die dynamischen Messsignale ohne Informationsverlust erfassen zu können.

Einlaufverhalten – nicht stationäre Betriebszustände

Aufgrund des Aufbaus und der Funktionsweise des Fördergurtes ist zu erwarten, dass sich nach Inbetriebnahme oder der sprunghaften Änderung von Einstellparametern, z.B. der Gurtgeschwindigkeit, Betriebszustände ändern. In vergleichbaren Untersuchungen wurden derartige Effekte bereits festgestellt [33]. Inwieweit sich dies bis zum Erreichen neuer stationärer Betriebszustände auf die erforderliche Leistung auswirkt, ist Gegenstand dieser Betrachtung. Alle nachfolgend beschriebenen Versuche im Leerlauf haben stationäre Betriebszustände im Blick.

Einfluss der Umgebungstemperatur

Der Einsatz des Gurtförderers kann bei unterschiedlichen äußeren Bedingungen erfolgen. Eine dieser Größen ist die Umgebungstemperatur, die sich beispielsweise auf die Eigenschaften der Schmiermittel in den Lagern der Trommeln auswirken kann. Daneben werden in der Versuchseinrichtung durch Reibungsverluste innerhalb des Hydraulikkreislaufes und an den bewegten Teilen des Gurtförderers Bauteile während des Betriebes gegenüber der Raumtemperatur erwärmt.

Einfluss der Gurtgeschwindigkeit

Die Gurtgeschwindigkeit wirkt sich auf die kinetische Energie aus, die dem Fördergut zugeführt werden muss, um es auf die Gurtgeschwindigkeit zu beschleunigen. Um feststellen zu können, ob die Geschwindigkeitsabhängigkeit nur durch das Fördergut verursacht wird, erfolgt zu Vergleichszwecken die Untersuchung dieser Einflussgröße auch im Leerlauf.

Einfluss der Gurtspannung

Eine Änderung der Gurtspannung wirkt sich auf den Biegewiderstand des Gurtes beim Umlenken an den Trommeln aus. Dabei ist der Biegewiderstand u.a. vom Verhältnis von Fördergurtstärke zu den Trommeldurchmessern und der Gurtkraft, welche wiederum von der Spannkraft beeinflusst wird, abhängig [65, 66]. Die Reibung des Fördergurtes an Teilen des Fördergurtrahmens, z.B. den Gleitschienen, kann dagegen bei zunehmender Gurtspannung absinken. Dies trifft auch auf innere Reibung im Fördergurt als auch im Fördergut zu, wenn sich bei straffer gespanntem Fördergurt der Durchhang zwischen den Trommeln verringert.

Einfluss des Fördergurtes

Zur Einschätzung des Anteils des Fördergurtes an der aufzubringenden Antriebsleistung werden verschiedene Fördergurte untersucht. Daneben ist die grundsätzliche Eignung der Gurte für die Massestrommessung auf Basis der Antriebsleistung von Interesse. Neben zwei Fördergurten in der Breite der Trommeln erfolgen auch Untersuchungen mit einem nur 70 mm breiten Fördergurt. Durch Reduzierung der Gurtbreite auf weniger als 10 % vom ursprünglichen Wert und der damit einhergehenden verringerten möglichen Gurtspannung, hat dieser Gurt im Vergleich zu den anderen Gurten nur noch einen sehr geringen Anteil am Bewegungswiderstand. Der verbleibende Anteil ist im Wesentlichen den Lagern der Antriebs- und Umlenktrommel zuzuordnen.

Druckdifferenz am Hydraulikmotor

Die Erfassung der erforderlichen Leistung des Gurtförderers ist auf unterschiedliche Weise möglich. Zwei Varianten werden miteinander verglichen. Aus dem Produkt von Drehmoment und Drehzahl lässt sich die vom Hydraulikmotor abgegebene mechanische Leistung bestimmen. Alternativ kann aus Druckdifferenz und Volumenstrom im Hydraulikkreislauf auch die vom Motor aufgenommene Leistung, die sich in die abgegebene mechanische Leistung und die Verlustleistung aufteilt, ermittelt werden. Der

Volumenstrom ist dabei, abgesehen vom temperatur- und lastabhängigen Leckagestrom, proportional der Motordrehzahl. Davon ausgehend erfolgen Untersuchungen zur Bestimmung der funktionellen Abhängigkeit der Druckdifferenz von Drehmoment, Drehzahl und Motor- bzw. Öltemperatur. Grund für das Hinzunehmen der Temperatur ist ihr Einfluss auf die Viskosität des Hydrauliköls. Diese beeinflusst ihrerseits, beispielsweise durch den Einfluss auf den Leckagestrom, den Wirkungsgrad des Motors. Um abschätzen zu können, wie stark sich Fertigungstoleranzen oder Verschleiß am Motor auf die untersuchten Zusammenhänge auswirken, werden zwei baugleiche Motoren untersucht, die bis zu diesen Untersuchungen unterschiedlich lang im Einsatz gewesen sind. Ist eine Bestimmung der vom Fördergurt benötigten Leistung auch unter Nutzung der Druckdifferenz anstelle des Drehmomentes mit vergleichbarer Genauigkeit möglich, könnte ein einfacherer und kostengünstigerer Messaufbau gewählt werden.

5.1.2 Prüfstandsversuche mit Materialfluss

Nach der Untersuchung der Auswirkungen verschiedener Einflussgrößen auf das Leerlaufdrehmoment werden Versuche mit Materialfluss durchgeführt, bei denen die notwendige Arbeit zur Förderung unterschiedlicher Massen betrachtet wird. Die benötigte Arbeit setzt sich dabei zusammen aus dem bereits im Leerlauf anfallenden Teil, der dem Fördergut zuzuführenden Energie und den beim Materialtransport auftretenden Verluste. Da v.a. die auftretenden Verluste nicht genau beziffert werden können, erfolgt eine experimentelle Ermittlung, wobei verschiedene mögliche Einflussgrößen variiert werden.

Einlaufverhalten

Es ist zu überprüfen, ob auch direkt nach Inbetriebnahme bzw. Parameteränderungen am Gurtförderer Messungen mit hinreichender Genauigkeit möglich sind oder ob bei nicht stationären Betriebszuständen geringere Genauigkeiten auftreten.

Einfluss der Geschwindigkeit von Fördergurt und –gut

Dem Fördergut wird bei der Beschleunigung auf dem Fördergurt kinetische Energie zugeführt und es entstehen Reibungsverluste, deren Beträge ermittelt werden. Untersucht wird weiterhin wie sich verschiedene Anfangsgeschwindigkeiten in Bewegungsrichtung des Fördergurtes auswirken.

Einfluss der Neigung entlang der Transportstrecke auf dem Gurtförderer

Erfolgt der Materialtransport entgegen oder in Richtung der Schwerkraft ändert sich die potentielle Energie des Fördergutes. Es ist zu erwarten, dass sich dies auf die erforderliche Antriebsleistung niederschlägt.

Einfluss der Transportweglänge auf dem Gurtförderer

In Abhängigkeit von der Länge des Transportweges können Reibungsverluste, die zwischen Fördergurt und dem Fördergurtrahmen, zwischen Fördergut und Fördergurt oder innerhalb des Fördergutes auftreten, variieren.

Einfluss der Fallhöhe des Fördergutes

In gleichem Sinne wie bei der Transportweglänge sind zunehmende Reibungsverluste bei zunehmender Fallhöhe und damit höherem Druck, der durch das Fördergut auf den Fördergurt ausgeübt wird, denkbar.

Einfluss der Gurtspannung

Diese Größe kann sich neben den bereits im Leerlauf auftretenden Einflüssen auch beim Materialtransport auswirken.

5.1.3 Feldversuche

Nachdem in Prüfstandsversuchen bereits mögliche Einflussgrößen betrachtet wurden, liegt der Schwerpunkt der Feldversuche auf den Einflüssen, die sich aus der Bewegung des Fahrzeuges ergeben. Die variierten Größen sind Massestrom, Art des Mähguts, Fahrgeschwindigkeit und Länge der Abschnitte für die Referenzwägung.

Massestrom

Der Massestrom ist bei den Feldversuchen von der Bestandsdichte und der Fahrgeschwindigkeit abhängig. Er kann jedoch auch reduziert werden, indem der zu mähende Schwad schmaler als die Arbeitsbreite des Mähwerks gewählt wird.

Art des Mähguts

Mähwerke werden für verschiedene Erntegüter, v.a. im Grünland und im Feldfutter, eingesetzt. Es ist zu überprüfen, inwieweit sich unterschiedliche Pflanzenbestände auf die Messergebnisse auswirken.

Fahrgeschwindigkeit

Neben dem Massestrom beeinflusst die Fahrgeschwindigkeit auch die Belastung des Messsystems durch Schwingungen, die durch Bodenunebenheiten hervorgerufen werden.

Schwadlänge für die Referenzwertermittlung

Auf die Genauigkeit der Referenzwertermittlung, die durch Aufnahme und Wägung des Mähgutes einzelner Teilabschnitte des Schwades erfolgt, kann durch die Länge des Schwades und die Länge der Teilabschnitte, die einem einzelnen Wägewert zu Grunde liegen, beeinflusst werden. Bei sehr kurzen Schwaden ergeben sich schon bei kleinen absoluten Abweichungen große relative Messfehler. Mit langen Schwaden können größere Flächen und damit größere Gesamtschwadmassen realisiert werden. Dabei besteht die Gefahr, dass bei längerer Dauer der Referenzwägung, bereits zwischen dem Mähen und der Wägung ein Teil der Erntegutmasse durch Abtrocknung verloren geht.

Länge der Teilabschnitte für die Referenzwertermittlung

Die Flächen, deren Mess- und Referenzwerte einander zugeordnet werden, sollen möglichst klein sein, um die Grenzen der räumlichen Auflösung des Messsystems erkennen zu können. Zu große einzelne Abschnitte wirkten sich auch nachteilig auf die Handhabbarkeit des Mähguts aus. Durch Zusammenfassen mehrerer kleinerer Abschnitte sind auch größere Abschnitte miteinander vergleichbar.

5.2 Prüfstandsuntersuchungen

Der aufzubauende Prüfstand soll zur Untersuchung möglicher Einflussgrößen bei der Massestromermittlung dienen. Dabei können Störgrößen, die nur während des Einsatzes in einer Erntemaschine auftreten, z.B. Schwingungen beim Überfahren von Bodenunebenheiten, unterbunden werden. Des Weiteren vereinfacht dies die Realisierung eines exakt bestimmbaren und reproduzierbaren Massestromes. Mit den Ergebnissen dieser Prüfstandsversuche erfolgt dann der Aufbau des Ertragsmesssystems und die Auswahl der notwendigen Sensorik.

5.2.1 Aufbau des Prüfstandes

5.2.1.1 Gurtförderer

Für die Untersuchungen wird der Gurtförderer eines Schwadversetzers eingesetzt, der als Zubehör zum Mähaufbereiter „1365" der Firma John Deere angeboten wird (Abbildung 5.1).

Abbildung 5.1: Mähaufbereiter mit Schwadversetzer

Dieser Gurtförderer (Abbildung 5.2) ist ca. 1700 mm lang. Die Breite des Fördergurtes („Gurt 1") beträgt 730 mm und seine Stärke 2 mm. Über die Fördergurtlänge von 3600 mm sind quer zur Transportrichtung 12 Stege aufgebracht, die der besseren Materialmitführung dienen sollen. Der Abstand zwischen den einzelnen Stegen beläuft sich jeweils auf ca. 305 mm, nur an der Verbindungsstelle des Endlosgurtes sind es lediglich 260 mm. Die Höhe der Stege beträgt jeweils ca. 15 mm und ihre Breite 10 mm.

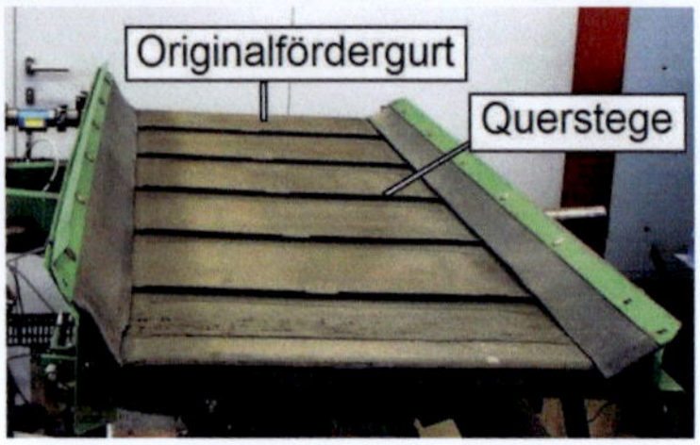

Abbildung 5.2: Schwadversetzer mit Gurt 1

Um den Einfluss des Fördergurtes auf den Leistungsbedarf beurteilen zu können, wird neben Gurt 1 ein weiterer Fördergurt („Gurt 2") gleicher Länge und Breite eingesetzt (Abbildung 5.3). Dieser verfügt jedoch nicht über Querstege und ist dadurch homogener aufgebaut. Um trotzdem eine möglichst gute Materialmitnahme zu erreichen, hat Gurt 2 eine mit Noppen besetzte Oberfläche. Er ist mit ca. 3 mm Dicke stärker als Gurt 1.

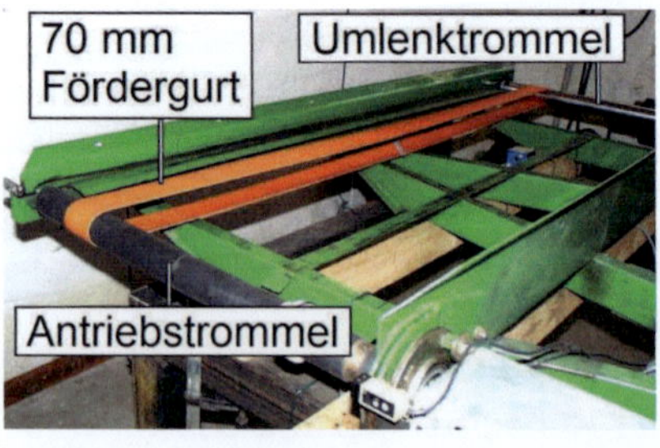

Abbildung 5.3: Vergleichsfördergurte (links: Gurt 2; rechts Gurt 3)

Weiterhin erfolgt der Einsatz eines lediglich 70 mm schmalen und 2 mm starken Fördergurtes („Gurt 3“), ebenfalls dargestellt in Abbildung 5.3. Dadurch sollen, auch im Vergleich mit den breiteren Gurten, die Anteile der einzelnen Bauteile an der Leerlaufleistung eingegrenzt werden.

Getragen werden die Gurte durch die Antriebs- und die Umlenktrommel. Tragrollen sind keine vorhanden. An den Seiten des Gurtförderers liegt der Fördergurt verdeckt auf Gleitschienen auf. An der Unterseite des Gurtförderers ist, v.a. bei sehr niedriger Gurtspannung, ebenfalls eine Berührung des Rahmens möglich. An der beweglich angebrachten Umlenktrommel ist die Gurtspannung durch zwei Schraubendruckfedern einstellbar (Abbildung 5.4). Die gummierte Antriebstrommel ist durch eine Kupplung mit dem Hydraulikmotor verbunden. Auf der gegenüberliegenden Seite wird die Antriebstrommel durch ein aufgestecktes Nadellager getragen. Ihr Durchmesser beträgt 56 mm. Die Umlenktrommel, mit einem Durchmesser von 48 mm, hat eine feststehende Achse. Es rotiert lediglich der Mantel der Trommel. Die dauergeschmierten Lager befinden sich im Inneren der Trommel und sind nicht zugänglich.

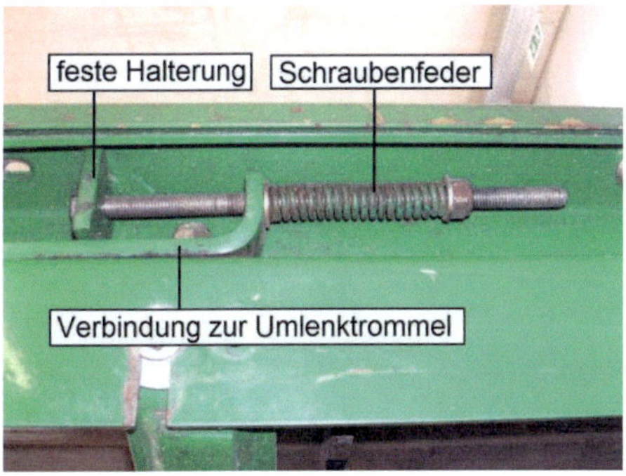

Abbildung 5.4: Einrichtung zum Spannen des Fördergurtes

Da die Spannkraft im Betrieb des Gurtförderers nur schwer zu erfassen ist, wird auf die Federlänge zurückgegriffen. Zur experimentellen Bestimmung der Federkonstante werden die ausgebauten Schraubenfedern auf Druck belastet. Für die auf beiden Seiten der Umlenktrommel eingesetzten Federn ergeben sich nahezu gleiche lineare Zusammenhänge zwischen Federlänge und -kraft. Die erzielten Ergebnisse sind in Abbildung 5.5 dargestellt.

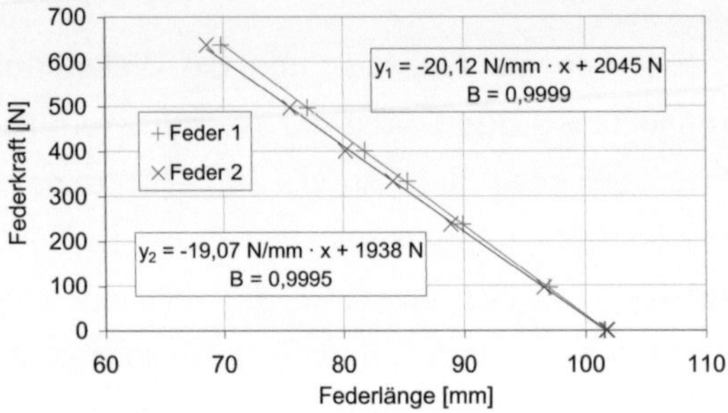

Abbildung 5.5: Federkraft in Abhängigkeit von der Federlänge für die Spannfedern des Fördergurtes

Bei den Messungen mit den Gurtförderern kann die gewünschte Spannkraft entsprechend der ermittelten Federkonstanten durch die Einstellung der Federlänge gewählt werden.

Angetrieben wird der Fördergurt von einem Hydraulikmotor, der zusammen mit einer Hydraulikpumpe und einem Stromregelventil zur Begrenzung der Motordrehzahl sowie einem Tank einen Hydraulikkreislauf bildet. Die Hydraulikpumpe ist eine Außenzahnradpumpe der Fa. Bosch-Rexroth, die im Mähaufbereiter mit den Gelenkwellen gekoppelt ist. Bei den Prüfstandsversuchen wird ein Elektromotor zum Antrieb des Hydraulikkreislaufes eingesetzt. Dieser 8-polige Drehstrommotor (Fa. Siemens) mit einer Nennleistung von 4 kW wird durch einen Frequenzumrichter drehzahlgesteuert. Die Sollwert-Vorgabe erfolgt durch eine Analogspannung, die am Mess-PC einzustellen ist. Dadurch kann das Stromregelventil im Hydraulikkreislauf entfallen.

Der verwendete Hydraulikmotor (OMM 12.5, Fa. Sauer-Danfoss) ist ein Orbitalmotor mit einem konstanten Schluckvolumen von 12,9 cm^3. Die zulässige Maximaldrehzahl beträgt im Dauerbetrieb 1550 min^{-1}, das maximale Dauerdrehmoment 16 Nm und die maximale Dauerleistung 2,4 kW. Der Hydraulikmotor wandelt hydraulische (Druck Δp, Volumenstrom $\dot{V}$) in mechanische Leistung (Drehmoment M, Drehzahl n) um. Der Gesamtwirkungsgrad ergibt sich aus dem Produkt des volumetrischen und des hydraulisch-mechanischen Wirkungsgrades. Der volumetrische Wirkungsgrad gibt an, welcher Anteil der zugeführten Ölmenge in Umdrehungen der Abtriebswelle umgesetzt wird. Der Rest der Ölmenge, die Leckage, fließt durch Spalten und über Dichtflächen, wobei es als Schmier- und Kühlmittel dient. Die Leckage nimmt bei steigender Belastung zu und verringert dadurch die Drehzahl. Der hydraulisch-mechanische Wirkungsgrad gibt an, welcher Anteil des zugeführten Drucks in Drehmoment umgesetzt wird. Der Verlust bei niedrigen Drehzahlen wird durch den nur geringen Schmierfilm verursacht, der die Reibung reduzieren soll. Der mit der Drehzahl steigende hydraulische Verlust wird durch größere Druckverluste des Öls beim Durchströmen der Kanäle im Motor verursacht. Dadurch reduziert sich das am Zahnradkranz zur Verfügung stehende Druckgefälle und damit auch das erzeugte Moment.

5.2.1.2 Messtechnik

Zur Ermittlung der aufgenommenen Leistung sowie weiterer Einflussgrößen werden verschiedene Sensoren am Gurtförderer montiert. Zur Ermittlung des vom Motor an die Antriebstrommel abgegebenen Drehmoments wird eine Drehmomentmesswelle DR-20 der Firma Lorenz Messtechnik verwendet (Abbildung 5.6). Sie hat einen Messbereich bis 50 Nm bei einer maximalen Dauerdrehzahl von 1500 min^{-1}. Der zulässige Messfehler beträgt 0,1 % vom Messbereichsendwert (entspricht 0,05 Nm) und der Reproduzierbarkeit nach DIN 1319 wird mit 0,05 % angegeben. Bei Annahme einer Gurtgeschwindigkeit von 4 m/s und der Verwendung von Gurt 1 entspricht der maximale Drehmomentfehler von 0,05 Nm bei den Prüfstandsversuchen mit Materialfluss einem Messfehler von ca. 1,7 kg pro Messwert und bei den

Feldversuchen einem Massestrom von 0,22 kg/s bzw. bei 3 m Arbeitsbreite und einer Fahrgeschwindigkeit von 10 km/h einem Fehler des Flächenertrages von 2,6 dt/ha. Neben dem Drehmoment gibt die Messwelle auch zwei Impulssignale (jeweils 360 Impulse pro Umdrehung) ab, aus denen sowohl Drehgeschwindigkeit als auch -richtung bestimmt werden können.

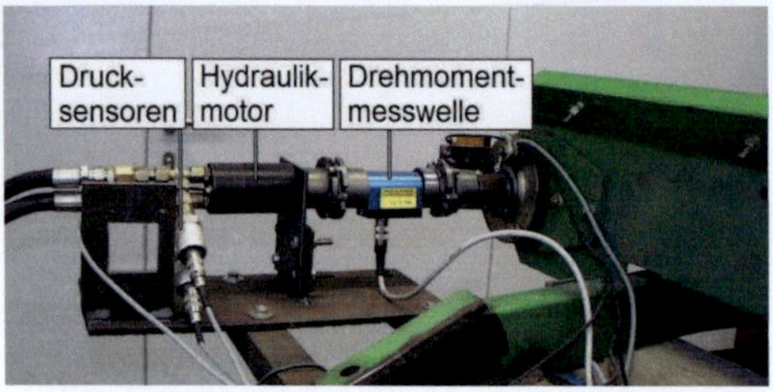

Abbildung 5.6: Sensoren am Antrieb des Gurtförderers

Die Ermittlung der vom Hydraulikmotor aufgenommenen Leistung erfolgt mit zwei Drucksensoren (Fa. Bosch Rexroth), welche die Druckdifferenz über dem Hydraulikmotor messen. Ihr Messbereich erstreckt sich von 0 bis 210 bar und die Linearitätsabweichung beträgt inklusive Hysterese weniger als 0,5 %. Auf eine Erfassung des Volumenstromes im Hydraulikkreislauf wird verzichtet, weil unter Annahme eines annähernd konstanten Leckölstromes im Hydraulikmotor eine Proportionalität zur gemessenen Drehzahl gegeben ist.

Neben den Sensoren zur Leistungsermittlung werden weitere zur Erfassung verschiedener Einflussgrößen eingesetzt. Die Ermittlung der Gurtgeschwindigkeit erfolgt mit auf dem Fördergurt aufgebrachten Metallmarken bzw. Reflexionsstreifen. Sie erzeugen am verwendeten induktiven Näherungsschalter (E2EG, Fa. Omron) bzw. an der Reflexionslichtschranke (E3S, Fa. Omron) pro Umlauf des Fördergurtes einen Impuls. Zur Ermittlung der Geschwindigkeit des Fördergutes auf dem Fördergurt wurde ein Radargeschwindigkeitssensor (Radar II, Fa. DICKEY-john), der über dem Gurtförderer installiert wurde getestet. Vorversuche zeigten aber bereits, dass eine zuverlässige und genaue Ermittlung u.a. aufgrund schwankender

Höhe des Fördergutes auf dem Fördergurt und teilweiser Erfassung des Gurtes bei geringer Gurtbelegung nicht möglich ist. Daher wurde auf eine Ermittlung der Gutgeschwindigkeit verzichtet. Auf der Abwurfseite des Gurtförderers registriert eine Einweglichtschranke, ob Fördergut vom Gurtförderer abgeworfen wird. Ein zweiachsiger Neigungssensor (NS-45/V2, Fa. HL Planar Technik) mit einem Messbereich von ±45 ° erfasst die Neigung in Transportrichtung und quer dazu. Zur Temperaturerfassung werden Platin-Temperatursensoren genutzt. Diese weisen einen temperaturabhängigen elektrischen Widerstand auf und werden jeweils mit einem konstanten Widerstand zu Spannungsteilern zusammengeschaltet. Sie sind am Hydraulikmotor sowie den Lagern der Antriebs- und Umlenktrommel installiert. Ein weiterer Temperatursensor erfasst die Umgebungstemperatur.

Alle eingesetzten Sensoren stellen ihre Messwerte als analoge Spannungssignale zur Verfügung, die mittels einer Einsteckkarte (PCI 6031E, Fa. National Instruments) im Mess-PC digitalisiert und gespeichert werden. Ihre Auflösung beträgt 16 bit und die Gesamtabtastrate maximal 100 kS/s. Der Eingangsspannungsbereich umfasst bis ±10 V, womit sich eine Quantisierungsbreite von max. 0,3 mV ergibt. Zur Digitalisierung der Eingangsspannungen steht nur ein Analog-Digital Umsetzer zur Verfügung, so dass die einzelnen Kanäle durch einen Multiplexer nur sequentiell und nicht synchron abgetastet werden können. Zur Messwertaufzeichnung im Mess-PC dient die Software DIAdem 8.1 (Fa. National Instruments).

Um den funktionellen Zusammenhang zwischen Drehmoment an der Antriebstrommel und Druckdifferenz am Hydraulikmotor untersuchen zu können, wird ein weiterer Prüfstand aufgebaut. Bei Einsatz des Motors am Schwadversetzer ist die Einstellung einer definierten und gezielt veränderbaren Belastung des Motors nicht möglich. Aus diesem Grund wird der Motor vom Schwadversetzer abgenommen und in einem separaten Motorprüfstand (Abbildung 5.7) untersucht. In diesem wird der Hydraulikmotor mit einer steuerbaren Magnetpulverbremse (2GA33 75-1D, Fa. Elabo) gekoppelt. Die

Drehzahl des Motors wird durch die Drehzahl der Pumpe im Hydraulikkreislauf gesteuert, so dass Stromregel- oder sonstige Ventile nicht erforderlich sind. Das Drehmoment mit dem der Motor belastet werden soll, ist an der Magnetpulverbremse einzustellen. Dadurch ist es möglich, eine Vielzahl von Punkten des Kennlinienfeldes zu realisieren.

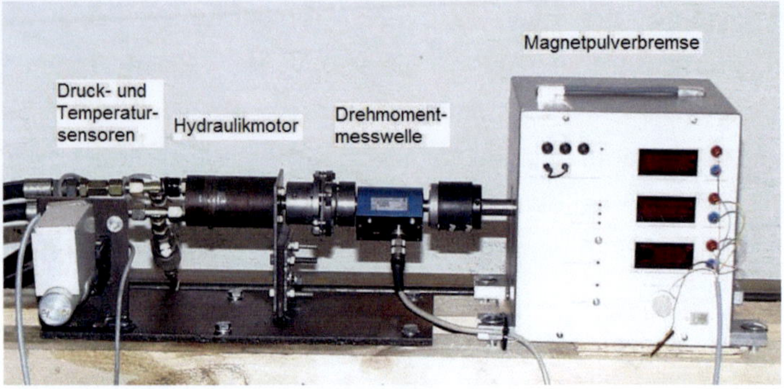

Abbildung 5.7: Motorprüfstand mit Magnetpulverbremse

Neben den mittels Sensoren erfassten Signale sind für die Untersuchung der Genauigkeit der Massestrom- bzw. Masseermittlung auch Referenzwerte erforderlich. Diese werden durch Wägung der geförderten Massen gewonnen. Dabei kommen zwei verschiedene Waagen zum Einsatz. Bei Versuchen mit Gras als Fördergut erfolgt die Wägung der Gesamtmenge eines Versuches inklusive des Auffangbehälters durch eine Kranwaage (LD 2, Fa. EHP Wägetechnik) mit einem Messbereich bis 2000 kg und einer Auflösung von 0,5 kg. Der angegebene Wägefehler von 0,04 % entspricht 0,8 kg. Bei der Verwendung von Sand als Fördergut wird eine elektronische Plattformwaage (B2.2, Fa. Pesa) mit einem Messbereich bis 120 kg und einer Auflösung von 5 g genutzt. Der angegebene Wägefehler von weniger als 0,01 % entspricht weniger als 120 g. Da bei der Beladung des Fördergurtes je bis zu 8 Teilmengen abgewogen werden, ergibt sich ein Fehler von max. 0,96 kg.

5.2.1.3 Gesamtansicht Prüfstand

Zur Vermeidung einer Beeinflussung der Messungen durch Witterungseinflüsse, wie Temperaturschwankungen, Feuchtigkeit oder Wind, wird der Prüfstand, bestehend aus Gurtförderer, Hydraulikkreislauf, Elektromotor, Sensoren und Mess-PC in einer geschlossenen Halle aufgestellt. Neben dem Mess-Gurtförderer ist zur Realisierung eines Massestromes auch eine geeignete Zuführeinrichtung erforderlich. Für diesen Zweck dient ein 8 m langer Gurtförderer, dessen 500 mm breiter Gurt sich mit einer konstanten Geschwindigkeit von ca. 1,36 m/s bewegt. Die Beladung des Zuführförderers mit dem Fördergut, welches während des Versuches an das Messförderband übergeben wird, erfolgt im Stillstand.

In Abhängigkeit vom Ziel der einzelnen Versuche können Mess- und Zuführförderer verschiedene Positionen zueinander einnehmen. So lassen sich die Länge des Transportweges auf dem Messförderer, die Höhe aus der das Fördergut auf den Fördergurt fällt und die Anfangsgeschwindigkeit des Fördergutes variieren. In Abbildung 5.8 sind zwei verschiedene Anordnungen bei der Versuchsdurchführung dargestellt.

Abbildung 5.8: Messförderband und Zuführförderer bei der Durchführung der Versuche mit den Fördergütern Sand und Gras

5.2.2 Versuchsdurchführung

5.2.2.1 Versuche im Leerlauf

Bei Vorversuchen werden mit einer Abtastfrequenz von 20 kHz Messwerte der Drehmomentmesswelle aufgezeichnet. Dabei werden auch die Winkelimpulse der Drehmomentmesswelle mit dem Ziel erfasst, den erforderlichen Drehwinkel für einen Umlauf des Fördergurtes zu ermitteln. Dieser wird für die Berechnung von Leistung und Arbeit aus dem Drehmoment benötigt. Anschließend wird das Leerlaufdrehmoment hinsichtlich der in Abschnitt 5.1 beschriebenen Einflussgrößen untersucht. Die jeweils genutzten Einstellungen sind in Anhang A 2 zusammengestellt.

Zur Ermittlung der Dynamik des Drehmomentes an der Antriebstrommel werden Messungen mit der nach Vorversuchen gewählten Abtastfrequenz von 1 kHz im Leerlauf durchgeführt. Der Drehmomentverlauf wird anschließend analysiert, um Möglichkeiten einer geeigneten Signalglättung zu finden. Neben der nachträglichen rechentechnischen Glättung wird auch die Möglichkeit des Einsatzes eines homogener aufgebauten Fördergurtes (Gurt 2) betrachtet. Um mögliche Schwankungen der Gurtgeschwindigkeit bei konstantem Sollwert feststellen zu können, wird in einzelnen Vorversuchen auch das Impulssignal des Drehwinkelgebers der Drehmomentmesswelle erfasst. Um alle Einzelimpulse erfassen zu können, wird eine Abtastfrequenz von 40 kHz gewählt. Den Darstellungen der Geschwindigkeitsverläufe liegt dann jeweils die Änderung der Impulszählerstände innerhalb von 5 ms zu Grunde.

Im Anschluss erfolgt eine Betrachtung des Verlaufes des Leerlaufdrehmomentes nach Inbetriebnahme des Gurtförderers. Dadurch sollen mögliche Veränderungen des Drehmomentes bis zum Erreichen stationärer Betriebszustände erkannt werden. Hierzu starten nach einer Stillstandszeit zeitgleich der Elektromotor und die Messung, die mindestens bis zum Erreichen stationärer Betriebszustände fortgeführt wird. Ein neuer Versuch startet jeweils automatisch, wenn die Temperaturdifferenz zwischen dem Lager an der Verbindungsstelle von Antriebstrommel und Hydraulikmotor und der Raumtemperatur auf weniger als 2,5 K gesunken ist.

In den nachfolgenden Leerlaufversuchen stehen Einflussgrößen im Blickpunkt, die sich bei stationären Betriebszuständen auf das erforderliche Drehmoment bzw. die benötigte Antriebsleistung auswirken. Daher werden die Messungen stets erst nach Einstellung stationärer Betriebszustände durchgeführt.

Bei der Betrachtung des Temperatureinflusses werden die Versuche zum einen in einem unbeheizten Raum bei ca. 0 °C und zum anderen in einem beheizten Raum bei ca. 25 °C durchgeführt. Die Vorgabe der Gurtgeschwindigkeit erfolgt am Mess-PC. Die von den Spannfedern auf den Fördergurt ausgeübte Kraft wird entsprechend der Federkonstanten anhand der Federlänge eingestellt. Zur Auswechslung des Fördergurtes ist eine teilweise Demontage des Förderbandes erforderlich.

Der Vergleich der vom Hydraulikmotor aufgenommenen und abgegebenen Leistung erfolgt mit der Magnetpulverbremse, die eine steuerbare Belastung des Motors ermöglicht. Die Größen Drehzahl, Druckdifferenz und Öltemperatur können den Wirkungsgrad des Motors beeinflussen und werden daher bei den Versuchen variiert. Die Druckdifferenz kann nur indirekt durch das Drehmoment verändert werden. Die betrachteten Drehzahlen reichen von 750 bis 1500 min^{-1} und entsprechen einer Gurtgeschwindigkeit zwischen 2,2 und 4,4 m/s. Die Drehzahlregelung in Schritten zu 50 min^{-1} erfolgt mit Hilfe des Elektromotors, der die Hydraulikpumpe antreibt. Das Drehmoment variiert in Schritten zu 1 oder 2 Nm zwischen 0 und 10 Nm. Die sich einstellenden Motortemperaturen erreichen Werte zwischen 0 und 45 °C, wobei sich die Mehrzahl der Werte auf den Bereich 20 bis 40 °C beschränkt. Ein Konstanthalten der Temperatur ist nicht möglich, da sich der Motor während des Betriebes durch die auftretende Verlustleistung erwärmt. Des weiteren kann die Temperatur nicht unmittelbar an der Stelle gemessen werden, an der die Verlustleistung im Motor anfällt. Dadurch können bei schnellen Temperaturänderungen Messfehler entstehen, deren Ursache Temperaturdifferenzen innerhalb des Motors und des Hydrauliköls sind. Die aufgenommenen Messwerte sind jeweils Mittelwerte über einen Zeitraum von je 5 s. Um beispielhaft auch die Exemplarstreuung innerhalb der Baureihe zu verdeutlichen, werden Messungen an zwei baugleichen Motoren durchgeführt.

5.2.2.2 Versuche mit Materialfluss

Nach den Leerlaufversuchen werden Tests, bei denen Material über den Messförderer transportiert wird, durchgeführt. Zu diesem Zweck wird der Prüfstand um den Gurtförderer zur Materialzuführung ergänzt. Die Durchführung der Versuche beginnt mit dem Auflegen definierter Massen des Förderguts auf den Zuführ-Gurtförderer. Anschließend erfolgt der Start der Messwertaufzeichnung mit dem Mess-PC. Dabei läuft der Messfördergurt bereits im Leerlauf. Um den Anteil der Leerlauf- an der Gesamtleistung berücksichtigen zu können, erfolgt das Einschalten des Zuführ-Gurtförderers frühestens 10 s nach dem Start der Messung. Ebenso endet die Messwertaufzeichnung frühestens 10 s nach Abwurf des letzten Fördergutes. Nach den Messungen werden die Werte für die weitere Auswertung gespeichert.
Für die Berechnung der benötigten Leistung bzw. Arbeit wird von den Drehmomentmesswerten der mittlere Leerlaufwert subtrahiert. Zu diesem Zweck werden bei der Auswertung der Messungen vor und nach dem Fördern des Materials die Leerlaufmesswerte je 10 aufeinanderfolgender Gurtumläufe, in denen der Fördergurt mit der vorgesehenen Gurtgeschwindigkeit läuft und ein annähernd konstantes Leerlaufdrehmoment aufweist, gemittelt.

Als Fördergut werden frisch gemähtes Gras oder Sand genutzt. Bei Gras, erfolgt das Auflegen auf den Zuführ-Gurtförderer mit einer zunächst unbekannten Masse gleichmäßig über eine Länge von 8 m. Während des Versuches wird das Gras über den Messförderer in den Auffangbehälter transportiert. Die Masse des aufgefangenen Materials wird mit der Kranwaage ermittelt und dient als Referenzwert. Bei der Verwendung von Sand kann die Wägung bereits vor dem Auflegen auf den Zuführ-Gurtförderer erfolgen. Aufgrund der hohen Dichte und des daraus resultierenden kleinen Volumens, ist ein seitliches Herabfallen des Fördergutes vom Zuführ-Gurtförderer ausgeschlossen. Zur Wägung wird bei Sand die Plattformwaage verwendet, mit der jeweils Einzelmassen zwischen 4 und 16 kg abgewogen werden. Diese Teilmassen werden jeweils innerhalb von 1 oder 2 m langen Abschnitten gleichmäßig auf dem Zuführ-Gurtförderer verteilt, so dass sich auf 8 m Länge Gesamtmassen zwischen 16 und 128 kg ergeben. Das beschriebene Vorgehen ist bei allen Prüfstandsversuchen mit Materialfluss gleich. In welcher Weise einzelne Parameter variiert werden, ist in den folgenden Abschnitten erläutert.

Einlaufverhalten

Unmittelbar ab der Inbetriebnahme des Gurtförderers nach längerem Stillstand, bei dem sich die Temperaturen der einzelnen Bauteile des Gurtförderers der Umgebungstemperatur angleichen, stellen sich neue stationäre Betriebszustände ein. Innerhalb dieser Zeit werden wiederholt Versuche mit gleicher Masse durchgeführt. Alle weiteren Prüfstandsversuche mit Materialfluss finden dann unter stationären Betriebszuständen statt.

Fördergurt und -gutgeschwindigkeit

Die Geschwindigkeit des Mess-Fördergurtes v_G wird, wie bereits bei den Leerlaufversuchen, durch die Drehzahl des Elektromotors bestimmt. Der Sollwert bezieht sich auf die Leerlaufgeschwindigkeit. Eine Geschwindigkeitsregelung zum Ausgleich von lastabhängigen Schwankungen wird nicht realisiert. Die Fördergutgeschwindigkeit entspricht beim Abwurf vom Messförderer der Gurtgeschwindigkeit. Wie stark das Fördergut beschleunigt werden muss, ist abhängig von der Differenz Δv zwischen der

Geschwindigkeit des Mess-Fördergurtes und der Anfangsgeschwindigkeit des Fördergutes vor dem Auftreffen auf dem Fördergurt. Letztere entspricht Null, wenn Mess- und Zuführ-Gurtförderer im rechten Winkel zueinander aufgestellt werden. Werden sie in gleicher Bewegungsrichtung aufgestellt, addieren oder subtrahieren sich die Geschwindigkeiten des Mess-Fördergurtes v_G und des Zuführ-Fördergurtes v_Z zur Differenzgeschwindigkeit Δv. Relevant sind jeweils nur Geschwindigkeiten in der Bewegungsrichtung des Mess-Fördergurtes (Abbildung 5.9).

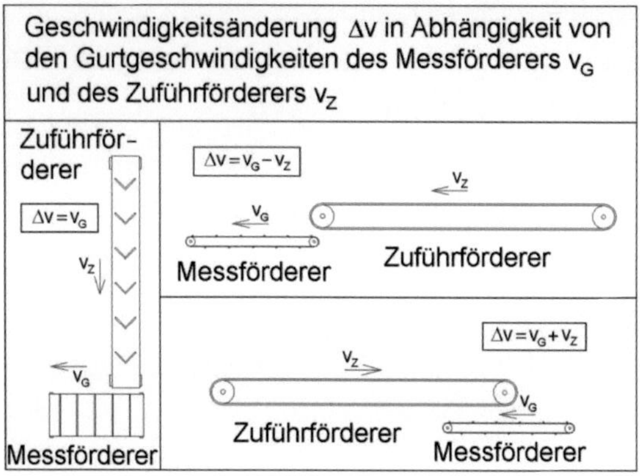

Abbildung 5.9: Variation der Anfangsgeschwindigkeit des Fördergutes

Sofern nicht anders angegeben sind Mess- und Zuführförderer im rechten Winkel (Abbildung 5.9) zueinander angeordnet. Dadurch ergibt sich eine Anfangsgeschwindigkeit des Fördergutes von 0. Erfolgt die Aufstellung der Gurtförderer in gleicher Richtung, entspricht die Startgeschwindigkeit der positiven oder negativen Geschwindigkeit des Zuführ-Gurtförderers.

Neigung entlang der Transportstrecke

Die Neigung des Messförderers ist durch einseitiges Anheben veränderbar. So kann das Fördergut bergauf bzw. bergab transportiert werden (Abbildung 5.10). Da sich das einseitige Anheben des Gurtförderers auch auf die Fallhöhe des Fördergutes auswirkt, wird diese durch entsprechende Korrekturen fortlaufend konstant gehalten.

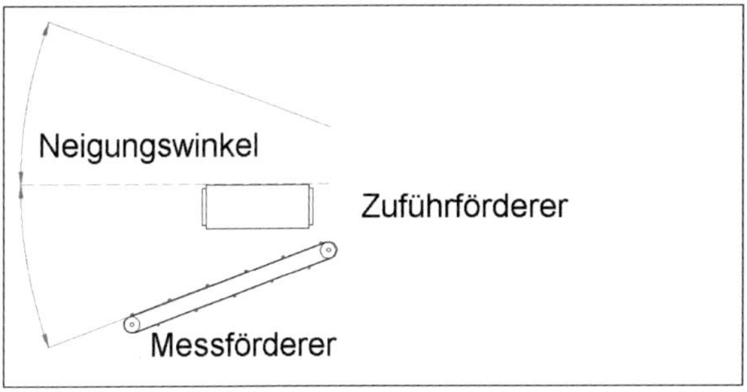

Abbildung 5.10: Variation der Neigung entlang der Transportstrecke

Transportweglänge

Die Variation der Länge des Transportweges erfolgt durch Verschieben des Messförderers in Transportrichtung (Abbildung 5.11).

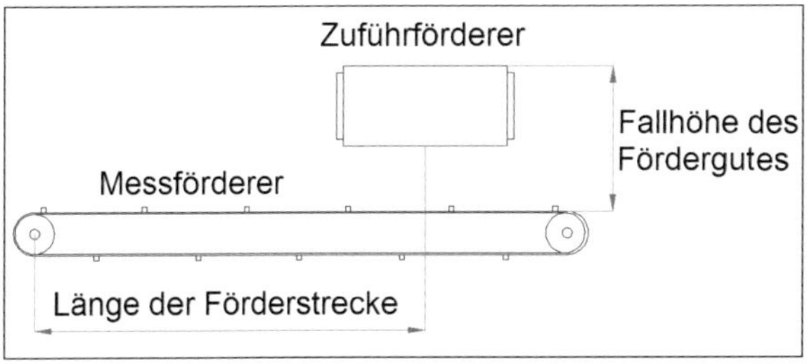

Abbildung 5.11: Variation der Transportweglänge und der Fallhöhe des Fördergutes

Fallhöhe des Fördergutes

Die Fallhöhe des Fördergutes auf den Messförderer wurde durch einseitiges Anheben des Zuführförderers, wie in Abbildung 5.11 dargestellt, realisiert.

Gurtspannung

Wie bereits in den Leerlaufversuchen wird die Gurtspannung durch die Länge der Spannfedern eingestellt.

5.3 Feldversuche

Nach den Prüfstandsversuchen werden Feldversuche, für welche der Gurtförderer im Mähwerk integriert wird, durchgeführt. Ziel ist die Ermittlung der erreichbaren Genauigkeit des Messsystems bei Einsatz im Mähwerk, unter Beachtung der in den Prüfstandsversuchen gewonnenen Ergebnisse. Von besonderem Interesse ist dabei, welche zusätzlichen Einflussfaktoren zu beachten sind. Dafür sind geringfügige Anpassungen der Mess- und Antriebstechnik am Gurtförderer erforderlich. Aus den erzielten Messergebnissen sind auch Schlüsse für eine günstige Gestaltung des Ertragsmesssystems und seiner Anordnung im Erntegutstrom zu ziehen. Die Wirksamkeit dieser Anpassungen ist anhand weiterer Messungen zu verifizieren.

5.3.1 Aufbau des Ertragsmesssystems

Zur Durchführung der Feldversuche wird der Gurtförderer aus den Prüfstandsversuchen in einen Mähaufbereiter „1365“ der Firma John Deere integriert. Dieses gezogene Scheibenmähwerk mit einer Arbeitsbreite von 3 m besitzt einen integrierten Aufbereiter mit Stahlzinken und wird über die Zapfwelle des ziehenden Traktors angetrieben (Abbildung 5.12).

Abbildung 5.12: Versuchsmähwerk und Traktor

Der Hydraulikkreislauf des Gurtförderers wird im Gegensatz zu den Prüfstandsversuchen nicht mit einem Elektromotor, sondern durch eine auf die Gelenkwellen des Mähwerks aufgesteckte Riemenscheibe und einen Riemen angetrieben. Zur Steuerung der Gurtgeschwindigkeit dient ein manuell zu betätigendes 3-Wege Stromregelventil (MTQA, Fa. Bucher Hydraulics) mit einem Einstellbereich von 0 bis 25 l/min. Weiterhin kann die Gurtgeschwindigkeit auch durch die Zapfwellendrehzahl des Traktors beeinflusst werden. Dies wirkt sich jedoch auch auf die Drehzahlen am Mähbalken und am Aufbereiter aus.

Die Sensorik wird in wesentlichen Teilen aus den Prüfstandsversuchen übernommen. Keine Veränderungen werden an der Drehmomentmesswelle, den Lichtschranken und dem induktiven Näherungsschalter vorgenommen. Der zweiachsige Neigungssensor wird ebenfalls übernommen, jedoch an anderer Position montiert. Er ist jeweils so positioniert, dass er den Neigungswinkel α_x in Fahrtrichtung des Mähwerkes und den Winkel α_y quer zur Fahrtrichtung erfasst. Durch die Verwendung von elektrisch leitenden Flüssigkeiten in den Kammern des Sensors, lässt sich eine Querempfindlichkeit für andere Beschleunigungen als der Erdbeschleunigung g nicht vermeiden. Daher ist beim Einsatz auf der fahrenden Maschine, auf eine hinreichende Signalglättung zu achten.

Eine weitere wesentliche Größe ist die Fahrgeschwindigkeit v_F der Maschine. Bei dem bis 2005 eingesetzten Traktor „6910“ der Firma John Deere ist eine Vorgabe nur durch die Wahl der Motordrehzahl und des Ganges möglich. Eine mögliche Lastabhängigkeit der Motordrehzahl beim Mähen wird nicht kompensiert. Ab dem Jahr 2006 erfolgen die Versuche mit einem Traktor „6920“, der über ein stufenloses leistungsverzweigtes Getriebe verfügt und bei dem eine motordrehzahlunabhängige Vorgabe der Fahrgeschwindigkeit möglich ist. Die während der Fahrt ablesbaren Geschwindigkeiten berücksichtigen nicht den möglichen Schlupf zwischen Boden und Antriebsrädern des Traktors. Daher erfolgt die Erfassung der Fahrgeschwindigkeit zusätzlich durch eine Reflexionslichtschranke (PA18CSR30PA, Fa. Carlo Gavazzi), die am Mähwerk angebracht ist und den Boden abtastet. Dadurch können Impulse registriert werden, die beim überfahren ausgelegter Reflexionsmarken entstehen (Abbildung 5.13).

Abbildung 5.13: Ausgelegte Reflexionsmarke auf dem Versuchsfeld

Auf diese Weise wird nicht nur eine genaue Ermittlung der Fahrgeschwindigkeit des Mähwerks, sondern auch eine genaue Zuordnung der aufgezeichneten Messwerte zu den einzelnen Abschnitten des Schwads ermöglicht.

Bei einer Reihe von Versuchen werden auch Videoaufzeichnungen durchgeführt, um die Abläufe besser einschätzen und die Messwerte richtig bewerten zu können. Dafür wird zum einen eine Kamera am Mähwerk installiert und zum anderen eine Kamera auf dem Versuchsfeld aufgestellt, um eine Außenansicht erfassen zu können.

Gegenüber den Prüfstandsversuchen, bei denen die Wege zwischen den Sensoren am Gurtförderer und dem Mess-PC mit 2 bis 3 m vergleichsweise kurz waren, vergrößern sich die Abstände bei den Feldversuchen auf 12 bis 13 m, die mittels geschirmter Leitungen überbrückt werden. Die Aufzeichnung der Messwerte erfolgte in der Kabine des Traktors. An dieser

Stelle sind auch die Akkumulatoren zur Spannungsversorgung der Sensoren mit 12 bzw. 24 V Gleichspannung untergebracht.

Erstes Ertragsmesssystem

In der ersten Ertragsmesseinrichtung ist der Gurtförderer zunächst in gleicher Weise wie in einem serienmäßigen Schwadversetzer integriert. Darin lenkt der Gurtförderer und ein Leitblech den Fördergutstrom um einen Winkel von $\beta = 75°$ gegenüber der Auswurfrichtung aus dem Mähwerk um. Die resultierende Neigung in Transportrichtung des Fördergutes α beträgt daher

$$\alpha = \arctan\left(\cos\beta \cdot \tan\alpha_x + \sin\beta \cdot \tan\alpha_y\right) \tag{5.1}$$

Das Mähgut wird durch den Aufbereiter in Richtung des Schwadversetzers aus dem Mähwerk gefördert. Anschließend prallt es gegen ein Blech und fällt nach unten auf den seitlich geneigten Fördergurt. Dabei bilden das Prallblech und der Fördergurt eine zusammenhängende Fläche (Abbildung 5.14).

Abbildung 5.14: Erste Ertragsmesseinrichtung

Zweites Ertragsmesssystem

Nach Tests mit dem ersten Versuchsaufbau zeigten sich noch Optimierungsmöglichkeiten, so dass der Versuchsaufbau überarbeitet wird. Beim Umbau der Ertragsmesseinrichtung wird der Abstand zwischen Mähwerk und

Schwadversetzer vergrößert. Weiterhin ersetzt eine Platte, die mit dem Gurtförderer keine zusammenhängende Fläche bildet, das Prallblech. Der Fördergurt wird waagerecht ausgerichtet und die Bewegungsrichtung des Fördergurtes bildet einen rechten Winkel zur Fahrtrichtung des Mähwerkes. Damit entspricht der Neigungswinkel α des Fördergurtes dem Winkel α_y, der vom Neigungssensor erfasst wird. Die Leitbleche im Auswurfbereich des Mähwerks werden so verändert, dass das Mähgut in einem höher gelegenen Bereich auf die Prallplatte trifft, als in der ersten Ertragsmesseinrichtung. In analysierten Videomitschnitten erstreckt sich dieser Bereich etwa von 30 bis 70 cm über dem Fördergurt. Von dort fällt es senkrecht auf den Gurt, der deutlich von der Prallplatte abgetrennt ist, so dass die Reibung zwischen Prallplatte und Mähgut möglichst gering ist. Beim Abwurf des Mähgutes vom Fördergurt fällt es aus einer Höhe von etwa 30 bis 40 cm zu Boden. Dargestellt ist diese Ertragsmesseinrichtung in Abbildung 5.15.

Abbildung 5.15: Zweite Ertragsmesseinrichtung

5.3.2 Versuchsdurchführung

5.3.2.1 Ablauf der Messungen

Bei der Durchführung der Feldversuche werden jeweils einzelne Strecken festgelegter Länge, unter Aufzeichnung der Messwerte, gemäht. Im

Anschluss wird der entstandene Schwad in kleine und gleichgroße Abschnitte eingeteilt und das Mähgut in den einzelnen Abschnitten gewogen. Bei den ersten beiden Messreihen beträgt die Länge der Schwade 70 bis 90 m und die Teilabschnitte zur Wägung sind 5 m lang. Bei allen weiteren Feldversuchen beträgt die Schwadlänge zwischen 25 und 50 m bei einer Teilung in ca. 2,5 m lange Abschnitte zur Wägung. In der Versuchsauswertung werden die durch Wägung ermittelten Referenzwerte mit den aufgezeichneten Messwerten verglichen.

5.3.2.2 Durchführung der Messungen

Nach der Festlegung der Schwadlänge werden vor dem Anfang und nach dem Ende des Versuchsstrecke jeweils 15 bis 20 m gemäht, um einen eindeutigen Anfangs- und Endpunkt des Schwads realisieren zu können. In diesen vorab gemähten Bereichen wird das Mähwerk während des Versuchs auf die Fahrgeschwindigkeit beschleunigt und nach dem Durchfahren des Versuchsabschnitts abgebremst. Beim Mähen wird das Mähwerk seitlich versetzt hinter dem Mähwerk gezogen. Die Ablage des Mähguts erfolgt bei Einsatz des Schwadversetzers auf die Fahrspur des Traktors. Um eine möglichst genaue Wägung des Grases zu ermöglichen, wird der Ablagebereich vor den Versuchen gemäht und das Mähgut entfernt. Dadurch wird gewährleistet, dass das gesamte während des Versuches gemähte Gras bei der Wägung erfasst werden kann, es sich aber nicht mit anderem Material vermischt.

Am Traktor bzw. dem Mähwerk werden die Fahrgeschwindigkeit v_F, die Zapfwellendrehzahl und die Gurtgeschwindigkeit v_G eingestellt. Das vorhandene Stromregelventil, mit dem eine Einstellung der Gurtgeschwindigkeit möglich ist, bleibt bei den Versuchen stets vollständig geöffnet. Die Regulierung der Gurtgeschwindigkeit erfolgt über die Zapfwellendrehzahl. Diese wird so eingestellt, dass sich $v_G = 4 m/s$ ergibt. Die dafür erforderliche Zapfwellendrehzahl entspricht annähernd der vorgesehenen Nenndrehzahl

(510 min^{-1} bei maximal zulässigen 540 min^{-1}). Die gewählten Fahrgeschwindigkeiten v_F betragen zwischen 3,6 und 14 km/h bei Einsatz des Traktors 6910 bis zum Jahr 2005 und 10 km/h bei Einsatz des Traktors 6920 ab dem Jahr 2006.

In den Prüfstandsversuchen wurde zwischen der Inbetriebnahme des Gurtförderers und dem Durchführen einer Messung eine Leerlaufphase eingehalten, in der sich das Leerlaufdrehmoment einem konstanten Wert annähert. Diese Zeit kann bei den Feldversuchen nicht in diesem Maße berücksichtigt werden. Da jedoch das Leerlaufmoment in der Einlaufphase langsam und kontinuierlich abnimmt, ist aufgrund der kurzen Messzeiten von meist weniger als 20 s trotzdem eine hinreichend genaue Ermittlung des Leerlaufdrehmomentes möglich. Nach Start der Messwertaufzeichnung werden zunächst Messwerte im Stand des Fahrzeugs für mindestens 30 s aufgezeichnet. Anschließend erfolgt das Mähen der Versuchsstrecke. Nach dem Anhalten des Traktors wird die Messwertaufzeichnung noch mindestens 30 s fortgesetzt, bevor die Zapfwelle abgeschaltet wird. Die vor und nach dem Mähen aufgezeichneten Messwerte dienen der Ermittlung des Leerlaufdrehmomentes.

5.3.2.3 Ermittlung der Referenzwerte

Unmittelbar nach Beendigung der Messung muss der Versuchsschwad gewogen werden. Um eine möglichst hohe räumliche Auflösung zu erreichen, erfolgt die Einteilung des Schwads in kleine Abschnitte, in denen das Mähgut per Hand aufgenommen und in Kunststoffbehältern mit der Plattformwaage gewogen wird (Abbildung 5.16). Um das Leergewicht der Behälter, welches zwischen 1,5 und 3,5 kg beträgt, zu kompensieren, wird die Waage vor den Messungen entsprechend tariert.

Abbildung 5.16: Plattformwaage und Wägung des Ernteguts

Bei den Versuchen der Jahre 2004 und 2005 erfolgt die Festlegung der Abschnitte, deren Länge jeweils zwischen 2 und 5 m beträgt, unabhängig von den aufgezeichneten Messwerten. Dadurch können die Referenzwerte nicht unmittelbar den Einzelmesswerten, die jeweils Mittelwerte für vollständige Gurtumläufe sind, zugeordnet werden. Die Bereiche des Schwads unterscheiden sich in Länge und Position. Daher kann lediglich eine nachträgliche Zuordnung erfolgen, bei der anhand der aufgezeichneten Messwerte zunächst die Bereiche bestimmt werden, die einem Messwert entsprechen. Aus den Referenzwerten werden dann die entsprechenden Bereiche zusammengesetzt. Da allerdings die Masseverteilung auch innerhalb der Referenzabschnitte variieren kann, ist eine Bestimmung der Messgenauigkeit des Ertragsmesssystems durch Vergleich einzelner Mess- und Referenzwerte nicht zweckmäßig. Möglich ist jedoch die Nutzung der Summenwerte für ganze Schwade.

Daher wird ab 2006 die Festlegung der Bereiche für die Referenzwägung verändert. Anhand der an festgelegten Stellen befindlichen Reflexionsstreifen ist eine genauere Zuordnung des Mähguts im Schwad zu den zugehörigen Zeitpunkten in der Messwertaufzeichnung möglich. Damit kann sowohl die Länge als auch die Position der Abschnitte für die Wägung so gewählt werden, dass ein Referenzwert genau einem Messwert zuzuordnen ist. Kleinere Ungenauigkeiten ergeben sich lediglich aus der örtlichen

Verschiebung des Mähguts während des Falls vom Gurtförderer auf den Boden. Um diese Verschiebungen abschätzen zu können, werden Videoaufzeichnungen analysiert. Ein Mittelwert mehrerer derartiger Versuche wird dann als Korrekturwert bei der Bestimmung der Referenzabschnitte genutzt. Da dieser Wert von der Fahrgeschwindigkeit v_F abhängig ist, wird bei allen nachfolgenden Versuchen eine konstante Fahrgeschwindigkeit von 10 km/h genutzt.

Bei der Ermittlung der Referenzwerte treten eine Reihe von Unsicherheiten auf. Dies ist zunächst die vergleichsweise geringe Messunsicherheit der Waage selbst. Bei der Wägung der Behälter auf dem Versuchsfeld kann Wind zu Schwankungen des Anzeigewertes führen, wodurch ein genaues Ablesen des Messwertes erschwert wird. In den bis zu 30 Minuten, die zwischen dem Mähen und der Wägung verstreichen können, beginnt das Mähgut bereits abzutrocknen. Dadurch hat es bis zur Wägung bereits einen Teil seiner Masse verloren. Der Anteil kann von Temperatur, Sonneneinstrahlung, Luftfeuchte und Windstärke beeinflusst werden. Um trotz dieser Störeinflüsse eine hohe Genauigkeit zu erreichen, wird die Waage vom Wind abgeschirmt und die Zeit zwischen Mähen und Wägung, z.B. durch kurze Schwade, klein gehalten. Um die Auswirkungen der einsetzenden Abtrocknung beurteilen zu können, werden zudem bei einer Reihe von Versuchen einzelne Referenzwerte zweimal ermittelt, um anhand der Zeitdifferenz das Maß der Abtrocknung während der Wägung des Schwads abschätzen zu können. Eine weitere Beeinflussung der Referenzwerte ergibt sich bei Aufnahme des Schwads zur Wägung. Um weitgehend zu vermeiden, dass Material, welches nicht während des Versuches gemäht und über den Fördergurt transportiert wird, zur Wägung aufgenommen wird, erfolgt vor Versuchsbeginn eine Bereinigung der Ablagefläche. Ebenso ist darauf zu achten, dass Material nicht bereits vor der Wägung, z.B. durch Wind, aus dem Schwad verloren geht.

5.4 Messdatenanalyse und –verarbeitung

Die Bestimmung der erforderlichen Abtastrate erfolgt ausgehend von einem Versuch mit einer Abtastfrequenz von 20 kHz. Zur Simulation niedrigerer Abtastfrequenzen von 10, 5, 2, 1 und 0,5 kHz wird aus der Messwertaufzeichnung nur jeder 2., 4., 10., 20. oder 40. Wert herausgegriffen. Es folgt ein Vergleich der Ergebnisse, welche durch die Mittelwertbildung innerhalb eines Gurtumlaufes entstehen. Die Abweichungen zwischen den Ergebnissen bei 20 kHz und den niedrigeren Frequenzen sind die Grundlage für die Festlegung der Abtastrate. Die Vorversuche zeigten, dass bei einer Abtastfrequenz von 1 KHz eine hinreichend hohe Genauigkeit der Mittelwerte gegeben ist. Eine höhere Abtastrate ist im Hinblick auf den anfallende Datenmenge und die zur Verarbeitung erforderliche Rechenleistung nicht sinnvoll. Damit liegen nach der Durchführung der Messungen die Daten der einzelnen Sensoren in Kanälen mit je 1000 Messwerten pro Sekunde vor.

Aus diesen Datensätzen ist die vom Fördergurt benötigte Leistung bzw. Arbeit zu ermitteln. Ergänzend dazu sind von den weiteren gemessenen Parametern Werte hinzuzufügen. Darüber hinaus sind die Daten in geeigneter Weise zu glätten, und die Datenmenge angemessen zu reduzieren. Dadurch sollen sie anschaulich darstellbar und vergleichbar werden. Umgesetzt wird dies mit der Software DIAdem, die bereits zur Messwerterfassung diente.

Erste Messungen zeigen die Notwendigkeit einer Glättung der Drehmomentmesswerte. Nach einem Vergleich der verschiedenen Varianten wird die Mittelwertbildung für ganze Gurtumläufe ausgewählt. Diese erfolgt für alle aufgenommenen Signale. Die Start- und Endpunkte der Intervalle werden durch die Impulse, welche die Markierungen auf dem Fördergurt am induktiven Näherungsschalter bzw. der Reflexionslichtschranke auslösen, festgelegt.

In dieser stark reduzierten Datenmenge mit geglätteten Messwertverläufen ist das Drehmoment im Leerlauf annähernd konstant. Bei den mindestens 30 Minuten andauernden Prüfstands-Leerlaufversuchen, die zur Untersuchung stationärer Betriebszustände dienen, werden die Messwerte der letzten 5 oder 10 Minuten einer Messung zu einem Mittelwert zusammengefasst.

Bei den Versuchen mit Materialfluss bewirken Laständerungen deutlich erkennbare Drehmomentänderungen. So nimmt das Drehmoment bei einsetzendem Materialfluss sprunghaft zu. Für die Berechnung der benötigten Leistung bzw. Arbeit wird von den Drehmomentmesswerten der mittlere Leerlaufwert, der aus den Messwerten vor und nach dem Materialtransport bestimmt wird, subtrahiert. Anschließend erfolgt die Festlegung des Datenbereiches, in dem Material über den Fördergurt transportiert wird. Dies geschieht anhand des Signals der Einweglichtschranke, die in Transportrichtung am Ende des Fördergurtes feststellt, ob sich Material auf dem Fördergurt befindet. Aufgrund der Anordnung der Lichtschranke kann sich bereits vor dem Anstieg des Signals Material auf dem Fördergurt befinden. Deshalb beginnt dieser Messbereich meist einen Gurtumlauf vor dem Ansprechen der Lichtschranke. Das Ende dieses Bereiches wird durch das Lichtschrankensignal meist eindeutig festgelegt. Nur in wenigen Fällen, in denen sich Teile des Mähguts an der Lichtschrankenhalterung verfingen, erfolgte die Festlegung des Endes des Bereiches des Materialtransportes nur auf Grundlage des Drehmomentverlaufes. Eine Prüfung der Bereichswahl erfolgt manuell auf Grundlage der grafischen Darstellung der Drehmomentverläufe. Länge und Zuführgeschwindigkeit des Förderguts geben ebenfalls Anhaltspunkte über die Dauer des Materialtransportes.

Die nach der Subtraktion des Leerlaufmomentes verbleibenden Messwerte werden zur Berechnung der Leistung bzw. der Arbeit mit der Winkelgeschwindigkeit bzw. dem Drehwinkel multipliziert (vgl. Gleichungen 4.4 und 4.5). Der experimentell mit Hilfe des Impulssignals der

Drehmomentmesswelle (360 Impulse pro Umdrehung) ermittelte Drehwinkel φ_U pro Gurtumlauf beträgt bei Gurt 1: $2 \cdot \pi \cdot 20{,}2262 = 127{,}0850$ und bei Gurt 2: $2 \cdot \pi \cdot 20{,}3959 = 128{,}1512$. Damit lässt sich bei Kenntnis der Zeit für einen Gurtumlauf auch die Winkelgeschwindigkeit bestimmen. Durchgeführt werden die Leistungs- bzw. Arbeitsberechnungen jeweils für die Werte der einzelnen Gurtumläufe.

Da in den Versuchen durch Wägung ermittelte Massen über den Gurtförderer transportiert werden, ist als Vergleichsgröße die dafür benötigte Arbeit W_{Mess} zu verwenden. Bei den Prüfstandsversuchen ergibt jeder einzelne Versuch einen Massewert. Bei den Feldversuchen ergeben sich Masseströme über einen deutlich längeren Zeitraum. Daher ist es möglich, nicht nur die Gesamtmasse des Schwads, sondern auch einzelne Teilabschnitte getrennt, zu betrachten.

Bei der Ermittlung der erforderlichen Arbeit W in Abhängigkeit von der geförderten Masse m werden für die Prüfstandsversuche mit einem Umrechnungsfaktor k Regressionsfunktionen der Form

$$W = \frac{m}{k} \tag{5.2}$$

erstellt. Dafür werden jeweils Messwerte genutzt, die unter gleichen Bedingungen aufgenommen werden. Bei den Feldversuchen erfolgt dann die Bildung der Kalibrierfunktionen in Form:

$$m = k \cdot W \tag{5.3}$$

Ein Absolutanteil kann jeweils entfallen, da das Leerlaufmoment bereits vor der Arbeitsberechnung subtrahiert wird. Dadurch lassen sich auch verschiedene Regressionskoeffizienten bzw. Kalibrierfaktoren sehr gut miteinander vergleichen, da nur ein Parameter variieren kann. Zur

Validierung werden Messwerte verwendet, die unter gleichen Bedingungen aufgenommen, aber nicht in der Kalibrierung berücksichtigt wurden.

Für alle weiteren gemessenen Größen werden Mittelwerte für die Datenbereiche gebildet, die jeweils einem Arbeitswert entsprechen. Aus der Gurtumlaufzeit und der Länge des Fördergurtes wird die Gurtgeschwindigkeit v_G berechnet. Der Neigungswinkel wird jeweils in Bewegungsrichtung des Fördergurtes ermittelt.

6 Versuchsergebnisse

6.1 Prüfstandsversuche – Leerlauf

Zu Beginn der Untersuchungen wird das Verhalten des Gurtförderers in unbeladenem Zustand betrachtet, um grundlegende Erkenntnisse bezüglich seiner Eigenschaften zu gewinnen.

6.1.1 Drehmomentverläufe

Zunächst wird der zeitliche Verlauf des Drehmomentes an der Antriebstrommel im Leerlauf bei Verwendung des Fördergurtes mit Querstegen (Gurt 1) untersucht. Dabei werden sich wiederholende Verläufe sichtbar. In Abbildung 6.1 ist beispielhaft für eine Gurtgeschwindigkeit von 3 m/s das Drehmoment für einen Gurtumlauf dargestellt.

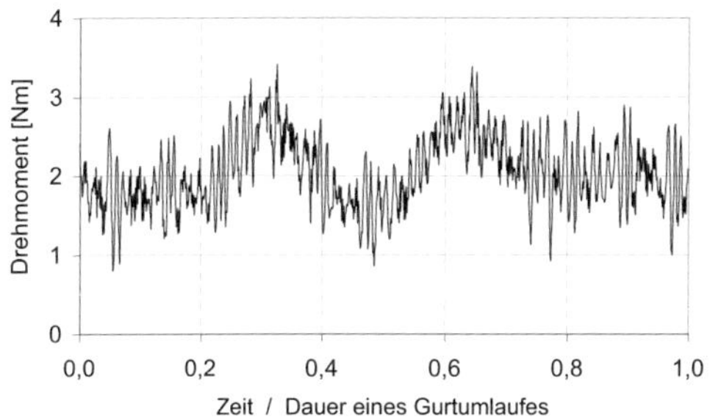

Abbildung 6.1: Drehmoment in Abhängigkeit von der auf die Gurtumlaufdauer normierten Zeit bei Einsatz von Gurt 1 für einen Gurtumlauf bei einer Gurtgeschwindigkeit von 3 m/s

Es sind durch eine gleitende Mittelwertbildung über Zeiträume, in denen sich der Fördergurt um 11 bis 15 mm weiterbewegt, bereits höherfrequentere Anteile geglättet. Um den reproduzierbaren Anteil an den Messwertverläufen feststellen zu können, werden Mittelwerte über alle Gurtumläufe innerhalb von jeweils 10 Minuten gebildet (Abbildung 6.2). Darüber hinaus werden alle Versuche mehrfach wiederholt.

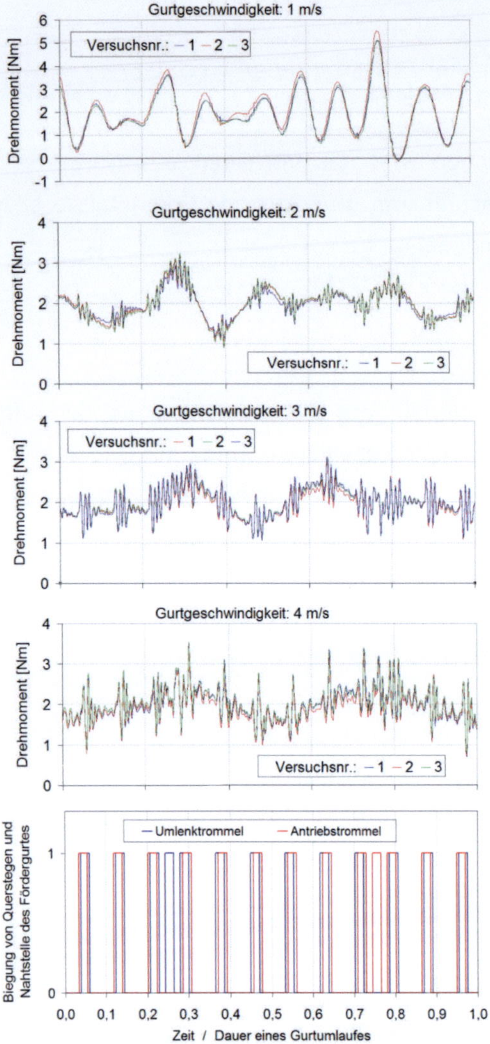

Abbildung 6.2: Mittleres Drehmoment sowie Biegung der Querstege und der Nahtstelle des Fördergurtes an den Trommeln in Abhängigkeit von der auf die Gurtumlaufdauer normierten Zeit bei Einsatz von Gurt 1 für verschiedene Gurtgeschwindigkeiten

Es stellen sich charakteristische Drehmomentverläufe ein, die bei den Versuchswiederholungen bestätigt werden. Diese sind jedoch stark von der Gurtgeschwindigkeit abhängig. Besonders bei 1 m/s treten niederfrequente

Schwingungen auf, die mit starken Geschwindigkeitsschwankungen innerhalb eines Gurtumlaufs einhergehen. Mit zunehmendem Geschwindigkeitssollwert nehmen die Schwankungen ab (Abbildung 6.3).

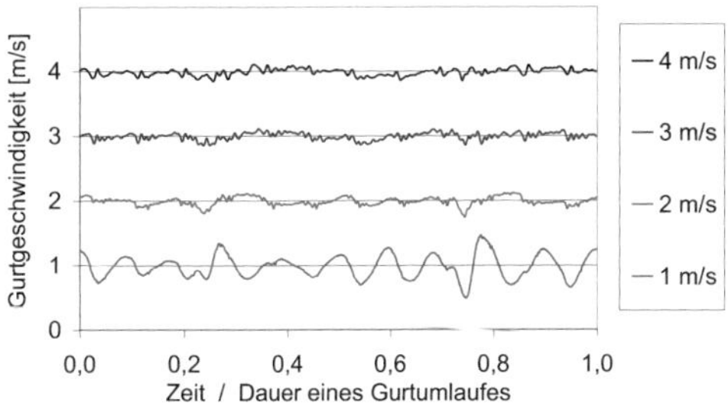

Abbildung 6.3: Tatsächliche Gurtgeschwindigkeit in Abhängigkeit von der auf die Gurtumlaufdauer normierten Zeit für Gurt 1 bei unterschiedlichen Gurtgeschwindigkeitssollwerten

Mit steigender Geschwindigkeit nehmen die höherfrequenten Drehmomentschwingungen in ihrer Amplitude deutlich zu. Werden zum Vergleich die Stellen, an denen Querstege oder Nahtstelle des Fördergurtes die Antriebs- bzw. die Umlenktrommel umschlingen, über einem Gurtumlauf aufgetragen (Abbildung 6.2), zeigt sich eine Übereinstimmung mit den Stellen der Signalverläufe, an denen höherfrequente Schwingungen auftreten. Ursache dieses Verhaltens, das sich mit zunehmender Geschwindigkeit verstärkt, ist der erhöhte Biegewiderstand an der Nahtstelle des Fördergurtes und im Bereich der aufgebrachten Querstege.

Weiterhin werden die Drehmomentverläufe durch die Gurtspannung, deren Zunahme die höherfrequenten Signalanteile in den Vordergrund treten lässt, beeinflusst. In einem Vergleich der Versuche bei Umgebungstemperaturen von 0 und 25 °C zeigen sich keine erkennbaren Unterschiede. In einer Gegenüberstellung der Verläufe nach Inbetriebnahme des Gurtförderers und im stationären Betriebszustand werden dagegen Unterschiede deutlich. Zu Beginn nimmt das Drehmoment größere Werte als nach längerer Betriebsdauer an. Die Differenz zwischen den Verläufen ist dabei über den gesamten Gurtumlauf in etwa konstant. Die Reproduzierbarkeit der Drehmomentverläufe unter gleichen Bedingungen bleibt auch bei Änderung der beschriebenen Einflussgrößen erhalten.

Insgesamt erreichen die Schwankungen in den Drehmomentverläufen im Leerlauf bereits Werte, die für eine Massestromermittlung nicht akzeptabel sind. Zum Vergleich würde beim Mähen mit einer Arbeitsgeschwindigkeit von 10 km/h, einer Arbeitsbreite von 3 m und einem Flächenertrag von 100 dt/ha ein Massestrom von 8,33 kg/s anfallen. Diesem ist bei der Beschleunigung von 0 auf 4 m/s auf dem Gurtförderer kinetische Energie zuzuführen, deren Bereitstellung es entsprechend des Durchmessers der Antriebstrommel eines Drehmomentes von etwa 0,5 Nm bedarf. Aus diesem Grund ist eine geeignete Signalglättung erforderlich. Dafür kommt zunächst ein Fördergurt ohne Querstege (Gurt 2) zum Einsatz. Dieser weist nur noch an der Nahtstelle des Endlosgurtes einen erhöhten Biegewiderstand auf.

Die Messungen erfolgen in gleicher Weise wie bei Gurt 1, wobei die Einzelverläufe vergleichbare höherfrequente Signalanteile aufweisen. Im Gegensatz zu Gurt 1 sind jedoch , abgesehen von der Gurtgeschwindigkeit 1 m/s, nahezu keine niederfrequenten Signalschwankungen festzustellen. Erfolgt wiederum eine Mittelung über zahlreiche Gurtumläufe treten charakteristische Punkte deutlich heraus (Abbildung 6.4).

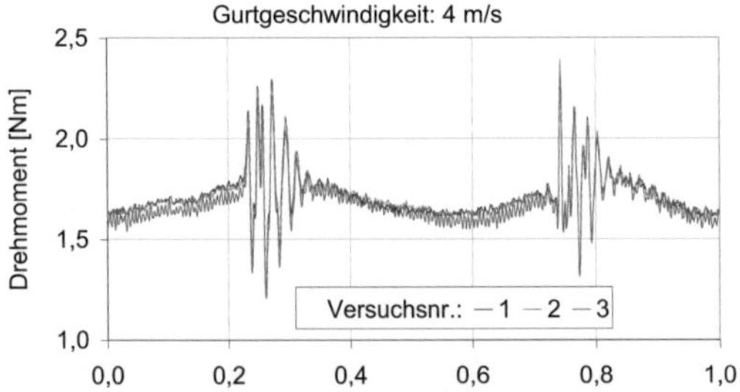

Abbildung 6.4: Mittleres Drehmoment in Abhängigkeit von der auf die Gurtumlaufdauer normierten Zeit bei Einsatz von Gurt 2 und einer Gurtgeschwindigkeit von 4 m/s

In der Darstellung der Messwerte für die Gurtgeschwindigkeit 4 m/s sind die beiden Abschnitte, in denen die Nahtstelle des Fördergurtes Antriebs- bzw. Umlenktrommel umschlingt, deutlich erkennbar. Im Vergleich zu Gurt 1 sind dies jedoch die einzigen Punkte, die sich vom ansonsten relativ gleichmäßigen Drehmomentverlauf abheben. In gleicher Weise ist ein Absinken des Drehmomentes nach Inbetriebnahme des Gurtförderers festzustellen. Keinen erkennbaren Einfluss auf den Drehmomentverlauf hat im Gegensatz zu Gurt 1 die Gurtspannung. Die Schwankungen der Gurtgeschwindigkeit innerhalb einer Gurtumdrehung sind im Vergleich zu Gurt 1 (Abbildung 6.3) deutlich geringer (Abbildung 6.5).

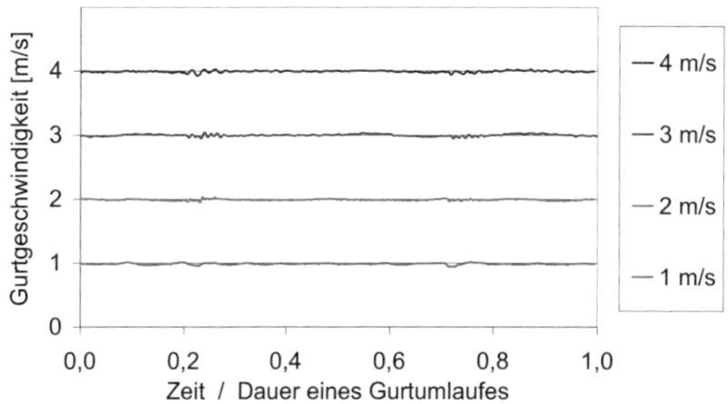

Abbildung 6.5: Tatsächliche Gurtgeschwindigkeit in Abhängigkeit von der auf die Gurtumlaufdauer normierten Zeit für Gurt 2 bei unterschiedlichen Gurtgeschwindigkeitssollwerten

Neben dem Drehmomentverlauf wird auch der Verlauf der Druckdifferenz am Hydraulikmotor untersucht. Dabei zeigt sich, dass die niederfrequenten Signalanteile dem Drehmomentverlauf bei gleichem Fördergurt und Gurtgeschwindigkeit sehr ähnlich sind, während die höherfrequenten Signalanteile, die v.a. durch die Querstege des Gurtes 1 verursacht werden, stärker gedämpft werden. Dargestellt sind die Signalverläufe in Anhang A 2.

6.1.2 Signalglättung

Die Untersuchung der Drehmomentverläufe zeigte deutlich, dass eine Glättung des Messsignals erforderlich ist. Besonders der Fördergurt mit den

Querstegen (Gurt 1) verursacht bereits bei konstanter Belastung (Leerlauf) sowohl nieder- als auch höherfrequente Drehmomentschwankungen. Allein durch Verwendung des Gurtes ohne Querstege (Gurt 2) lässt sich der Messwertverlauf nicht hinreichend glätten. Eine weitere Möglichkeit zur Reduzierung der Drehmomentschwankungen liegt in der Verwendung größerer Trommeldurchmesser. Dadurch nimmt der Biegeradius des Gurtes zu und der über die Länge des Fördegurtes variierende Biegewiderstand verliert an Einfluss [65, 66]. Hierdurch kann der Einfluss des Biegewiderstandes jedoch nur reduziert und nicht gänzlich kompensiert werden. Daher wird diese Möglichkeit nicht experimentell untersucht, sondern es wird auf rechentechnische Glättungsverfahren zurückgegriffen, die in den folgenden Absätzen beschrieben werden.

Unter gleichen Bedingungen waren die Signalverläufe reproduzierbar, so dass eine Glättung anhand des mittleren Drehmomentverlaufes im Leerlauf, wie in Abbildung 6.2 dargestellt, denkbar ist. Nachteilig ist, dass höherfrequente Signalanteile bei der Bildung der mittleren Verläufe stark gedämpft werden. Zudem beeinflussen z.B. Gurtaufbau, -geschwindigkeit und -spannung die Drehmomentverläufe, wodurch die sichere Zuordnung eines Referenzverlaufes erschwert wird. Eine wiederkehrende Aktualisierung des Referenzverlaufes während des Betriebes würde wiederholt längere Leerlaufphasen erfordern. Aus diesen Gründen wird dieser Weg nicht weiterverfolgt.

Die Anwendung von Frequenzfiltern erfordert Kenntnisse zum Spektrum des Nutzsignals. Dieses kann, in Abhängigkeit von der Änderungsgeschwindigkeit des Massestromes, vergleichsweise niederfrequente Anteile bis hin zu einem Gleichanteil besitzen. Beliebig hohe Frequenzen kann es dagegen nicht annehmen, da aufgrund der Elastizität des Fördergurtes und der Aufhängung der Umlenktrommel sprunghafte Belastungsänderungen nicht zu einer ebenso sprunghaften Drehmomentänderung an der Antriebstrommel führen. Um keine Teile des Nutzsignals durch Frequenzfilter zu unterdrücken, ist nur die Filterung höherfrequenter lastunabhängiger Störeinflüsse durch einen Tiefpass möglich. Getestet wurde daher zunächst ein Tiefpassfilter mit einer oberen Grenzfrequenz von 10 Hz. Bezogen auf die mittleren Drehmomentwerte für ganze Gurtumläufe führt die Nutzung des Filters nicht zu nennenswerten Verbesserungen. Da eine weitere Senkung der Grenzfrequenz, v.a. bei schnellen Laständerungen, den Verlust eines Teiles des Nutzsignals mit sich bringen könnte, wird von der weiteren Verwendung von Frequenzfiltern abgesehen.

Eine weitere Möglichkeit der Signalglättung ist eine gleitende Mittelwertbildung. Diese kann über einen festen Zeitraum oder unter Berücksichtigung der Gurtgeschwindigkeit über eine feste Wegstrecke erfolgen. Bei der Wahl der Mittelungszeit ist abzuwägen zwischen einer möglichst guten Glättung durch eine lange Mittelungszeit und einer möglichst hohen zeitlichen Auflösung des Nutzsignals durch eine kurze Mittelungszeit. Der periodisch wiederkehrende mittlere Signalverlauf legt die Wahl der Periodendauer bzw. des Weges genau eines Gurtumlaufs als Mittelungsintervall nahe. Um Anfang bzw. Ende dieser Intervalle festzustellen, werden die Signale des induktiven Näherungsschalters bzw. der Reflexionslichtschranke, die auch zur Messung der Gurtgeschwindigkeit dienen, genutzt.

Anhand der durchgeführten Versuche wird die Wirksamkeit der Glättungsverfahren untersucht. Zum Vergleich der gleitend gemittelten Signalverläufe werden Hüllkurven berechnet, welche die Spannweite der Messwertstreuung innerhalb eines Zeitbereiches angeben. Die betrachteten Messwertverläufe umfassen jeweils einen Zeitraum von 10 Minuten, in dem Intervalle zu 10 s für die Hüllkurvenberechnung genutzt werden. Die Ergebnisse von jeweils 26 Messungen wurden über unterschiedliche Bereiche gemittelt, wobei die Gurte 1 und 2 bei einer Gurtgeschwindigkeit von 4 m/s zum Einsatz kamen. Dies ist in Abbildung 6.6 dargestellt.

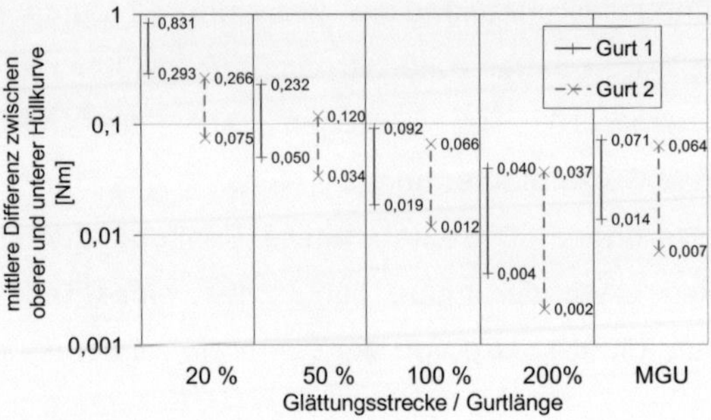

Abbildung 6.6: Mittlere Differenz zwischen oberer und unterer Hüllkurve in Abhängigkeit von der Breite der Glättungsintervalle für die gleitende Mittelwertbildung

Dabei zeigt sich, dass der Abstand zwischen oberer und unterer Hüllkurve, bei Verlängerung des Glättungsbereichs von 20 bis 200 % eines Gurtumlaufes, deutlich abnimmt. Der Fördergurt mit Querstegen (Gurt 1) weist im Vergleich zum Fördergurt ohne Querstege (Gurt 2) bei einem schmalen Glättungsbereich die größeren Schwankungen des Leerlaufdrehmomentes auf, mit zunehmender Glättungsbreite gleichen sich jedoch die Unterschiede zwischen den Gurten nahezu aus. Entspricht der Glättungsbereich mindestens einem Gurtumlauf, sinken die Schwankungen bei konstanter Belastung auf ein akzeptables Maß ab. Bei Mittelung aller Messwerte innerhalb genau eines Gurtumlaufes (MGU) ergeben sich vergleichbare Ergebnisse zur Glättungsbreite 100 % eines Gurtumlaufes. Lediglich das Vorgehen bei der Mittelung unterscheidet sich.

Eine höhere Gurtgeschwindigkeit bedingt bei den Mittelwerten ganzer Gurtumläufe eine geringfügig zunehmende Streubreite, wobei zu beachten ist, dass bei höherer Geschwindigkeit auch eine größere Zahl an Messwerten innerhalb des 10 s Hüllkurvenintervalls enthalten sind. Werden die Mittelwerte unmittelbar aufeinander folgender Gurtumläufe miteinander verglichen, ergeben sich als mittlere und maximale Differenzen die in Abbildung 6.7 angegebenen Werte.

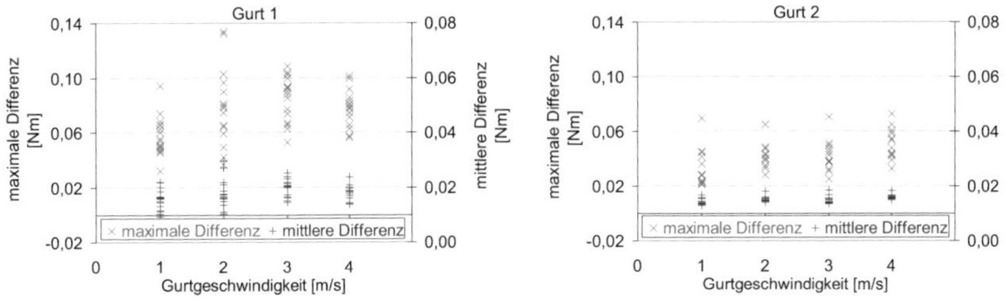

Abbildung 6.7: Mittlere bzw. maximale Differenz zwischen den Drehmomentmittelwerten aufeinander folgender Gurtumläufe in Abhängigkeit von der Gurtgeschwindigkeit für Gurt 1 und 2 und einer Dauer der Einzelversuche von jeweils 10 Minuten

Die mittleren Differenzen der Drehmomentwerte unmittelbar aufeinander folgender Gurtumläufe sind im Vergleich zu den Schwankungen in den Verläufen in Abbildung 6.2 oder Abbildung 6.4 etwa um den Faktor 100 kleiner. Die maximal auftretenden Unterschiede zweier aufeinanderfolgender Werte übersteigen bei stationären Betriebszuständen in den meisten Fällen 0,1 Nm nicht.

Für die Ermittlung der Antriebsleistung am Gurtförderer ist eine wirkungsvolle und wenig störanfällige Signalglättung erforderlich. Durch die Mittelung über ganze Gurtumläufe mit Hilfe des induktiven Näherungsschalters bzw. der Reflexionslichtschranke als Impulsgeber wird dieses Ziel erreicht. Die Dauer der Gurtumläufe entspricht den Mittelungszeiten. Diese betragen in Abhängigkeit von der Gurtgeschwindigkeit zwischen 0,9 s bei 4 m/s und 3,6 s bei 1 m/s.

6.1.3 Abtastrate

Im Abschnitt 6.1.1 ist deutlich geworden, dass das Drehmoment eine sehr dynamische Größe ist. Um es unverfälscht erfassen zu können, ist eine hinreichend hohe Abtastfrequenz erforderlich. Zu ihrer Festlegung werden zunächst unter Verwendung von Gurt 1, einer Gurtgeschwindigkeit von ca. 3,3 m/s und einer Abtastfrequenz von 20 kHz für 150 Gurtumläufe

Messwerte im Leerlauf aufgezeichnet. Auf Basis dieser Werte wird ermittelt, wie stark sich eine Verringerung der Abtastrate auf die mittleren Drehmomentwerte pro Gurtumlauf auswirkt. Bei der Simulation einer kleineren Abtastrate bleibt jeweils ein Teil der aufgezeichneten Messwerte unberücksichtigt, so dass z.B. für 1 kHz nur jeder 20. Messwert genutzt wird. Die resultierenden Differenzen zur Abtastung mit 20 kHz sind in Abbildung 6.8 dargestellt. Es ist zu erkennen, dass die Verfälschung der gemittelten Drehmomentwerte mit sinkender Abtastrate zunimmt.

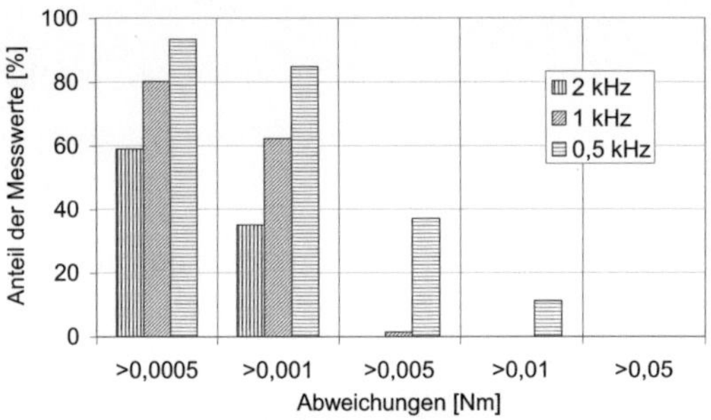

Abbildung 6.8: Anteil der Messwerte in Abhängigkeit von der Abweichung des Drehmomentes bei Reduzierung der Abtastfrequenz von 20 kHz und Verwendung von Gurt 1 mit einer Geschwindigkeit von 3,3 m/s

Für die weiteren Versuche wird eine Abtastrate von 1 kHz ausgewählt. Bei diesem Wert sind die Abweichungen von den Messwerten, die mit 20 kHz aufgezeichnet wurden, mit maximal ±0,006 Nm noch akzeptabel. Eine höhere Abtastrate würde zwar geringere Abweichungen, aber auch eine deutliche Zunahme der anfallenden Datenmenge verursachen und wird daher vermieden.

6.1.4 Einlaufverhalten

Bei den Prüfstandsversuchen im Leerlauf zeigt sich, dass das Drehmoment in den ersten 20 bis 30 Minuten nach Inbetriebnahme des Gurtförderers abnimmt. Danach erreicht es bei konstanter Gurtgeschwindigkeit einen annähernd konstanten Wert. Das erhöhte Anfangsdrehmoment ist umso ausgeprägter, je höher die Gurtgeschwindigkeit ist (Abbildung 6.9).

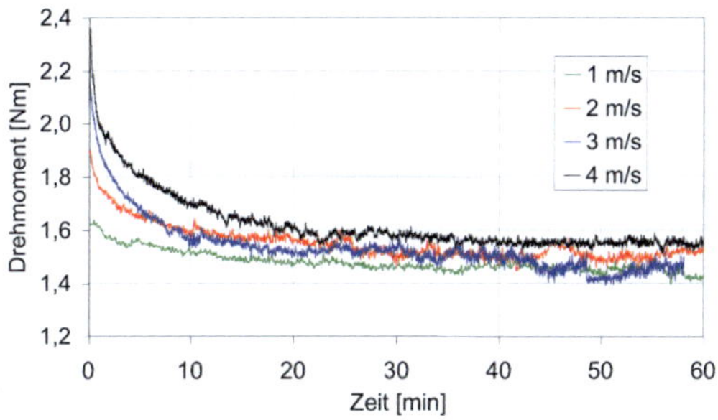

Abbildung 6.9: Drehmoment in Abhängigkeit von der Zeit ab Inbetriebnahme des Gurtförderers für Gurt 2 bei verschiedenen Gurtgeschwindigkeiten

Der Rückgang nach Inbetriebnahme ist unter gleichen Versuchsbedingungen reproduzierbar. Mögliche Ursachen sind die Elastizität des Fördergurtes, die bei längerem Stillstand zurückgehen könnte, und die Bewegungswiderstände der Trommellager. Es ist in den Messergebnissen zu erkennen, dass parallel zum absinkenden Drehmoment die Temperaturen in den Lagern beider Trommeln gegenüber der Umgebungstemperatur ansteigen (Abbildung 6.10).

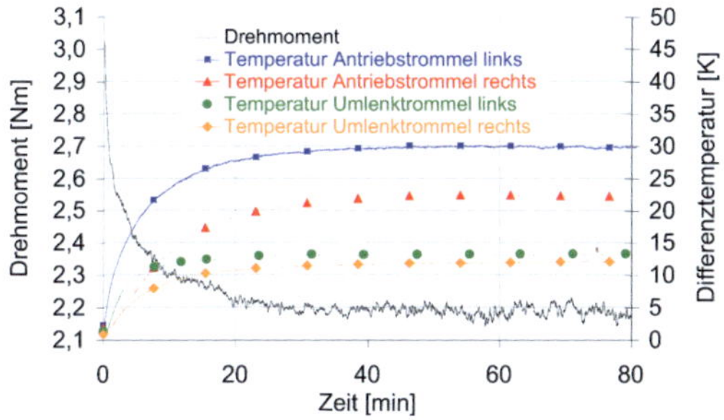

Abbildung 6.10: Drehmoment und Lagertemperaturen in Abhängigkeit von der Zeit ab Inbetriebnahme des Gurtförderers für Gurt 1 bei einer Gurtgeschwindigkeit von 4 m/s

Diese Temperaturerhöhung in den Lagern kann eine Abnahme der Schmiermittelviskosität bewirken, wodurch bei steigender Lagertemperatur der Bewegungswiderstand und damit das aufzubringende Drehmoment sinkt. In den Messergebnissen ist eine annähernd lineare Abhängigkeit der Erwärmung der Trommellager von der Gurtgeschwindigkeit erkennbar (Abbildung 6.11).

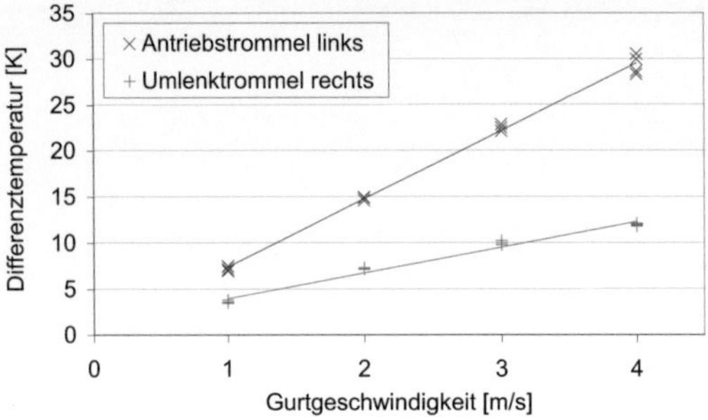

Abbildung 6.11: Differenz zwischen Lager- und Umgebungstemperatur in Abhängigkeit von der Gurtgeschwindigkeit für verschiedene Lager bei stationären Betriebszuständen

Die unterschiedlichen Temperaturanstiege in den einzelnen Lagern können aus ihrem Aufbau oder der Implementierung der Temperatursensoren resultieren. Eine Untersuchung der Ursachen erfolgte nicht, weil dies für die Messungen nicht relevant ist, sofern sich unter konstanten Betriebsbedingungen gleichbleibende Messwerte einstellen. Um zu überprüfen, ob allein die sich ändernden Bewegungswiderstände der Lager für das abfallende Drehmoment in der Einlaufphase verantwortlich sind, erfolgt ein Vergleich der beiden 730 mm breiten Gurte 1 und 2 mit dem 70 mm breiten Gurt 3. Dabei stellen sich unterschiedliche stationäre Leerlaufdrehmomente ein. Diese erreichen bei Gurt 1 und 2 Werte über 1,5 Nm und bei Gurt 3 lediglich 0,5 bis 0,6 Nm. Im Gegensatz dazu sinkt das Drehmoment während der Einlaufphase bei allen drei Gurten um ähnliche Beträge (Abbildung 6.12) ab. Aus diesem Grund sind im Wesentlichen die Temperaturen in den Lagern für den anfangs erhöhten Energiebedarf verantwortlich.

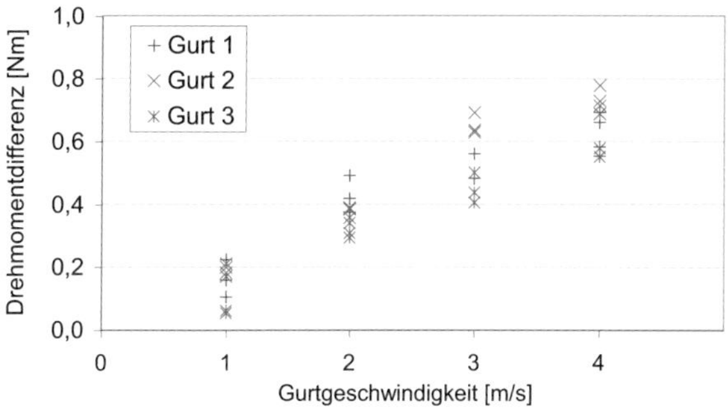

Abbildung 6.12: Drehmomentrückgang nach Inbetriebnahme des Gurtförderers in Abhängigkeit von der Gurtgeschwindigkeit für verschiedene Fördergurte

Um bei der Massestrombestimmung keine Verfälschungen zu erhalten, sollten Messungen erst 20 bis 30 Minuten nach Inbetriebnahme des Gurtförderers beginnen. Andernfalls müssen die Messungen zeitlich sehr kurz sein, um mit einem konstanten Wert des Leerlaufdrehmomentes arbeiten zu können. Weitere Möglichkeiten zur Reduzierung des Einflusses der Trommellagertemperaturen sind die Verwendung von Lagern mit geringerer Reibung, Schmiermittel mit weniger temperaturabhängiger Viskosität oder ein größerer Trommeldurchmesser. Im letzten Fall wäre für eine gleichbleibende Gurtgeschwindigkeit eine Verringerung der Drehzahl möglich.

6.1.5 Einfluss der Gurtgeschwindigkeit

Zur Untersuchung der Abhängigkeit des Leerlaufdrehmomentes von der Gurtgeschwindigkeit werden Messungen mit allen drei Fördergurten durchgeführt (Abbildung 6.13). Die Versuche erstrecken sich jeweils über einen Zeitraum von 40 min, wobei jeweils der Mittelwert innerhalb der letzten 10 min als Messwert bei stationären Betriebszuständen genutzt wird. Dies gilt auch für alle weiteren Leerlaufversuche.

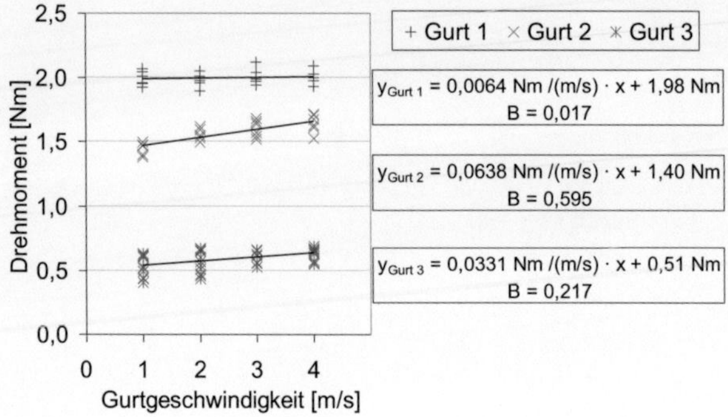

Abbildung 6.13: Drehmoment in Abhängigkeit von der Gurtgeschwindigkeit für verschiedene Fördergurte

Dabei zeigt sich, dass das Drehmoment nahezu unabhängig von der Gurtgeschwindigkeit ist. Lediglich bei Gurt 2 und 3 ist eine geringe Zunahme des Drehmomentes mit der Gurtgeschwindigkeit zu erkennen. Treten während einer Messung Schwankungen von nicht mehr als ±10 % des Geschwindigkeitssollwertes auf, ändert sich das Drehmoment entsprechend der Regressionsfunktionen um max. 2,5 % (Gurt 3 bei 4 m/s). Dieser Wert liegt deutlich unterhalb der in Abbildung 6.13 bei konstanter Gurtgeschwindigkeit zu erkennenden Drehmomentschwankungen und kann daher vernachlässigt werden.

6.1.6 Einfluss der Gurtspannung

Der Fördergurt wird durch die Antriebs- und die Umlenktrommel getragen. Das Spannen des Gurtes erfolgt durch die beweglich gelagerte Umlenktrommel, die durch Schraubendruckfedern in den Gurt gepresst wird. Durch Einstellung der Federlänge kann die Federkraft beeinflusst werden. Im Betrieb des Gurtförderers ist die Federlänge jedoch nicht konstant, sondern variiert geringfügig. Vor allem beim Umschlingen der Antriebs- bzw. der Umlenktrommel durch die Nahtstelle des Endlosgurtes werden die Federn kurzzeitig stärker zusammengedrückt. Durch die Analyse von Videoaufnahmen lässt sich diese Bewegung auf maximal ±1 mm je Feder eingrenzen.

Damit ergeben sich maximale dynamische Änderungen der Gurtspannung von ±40 N.

Die Untersuchung des Einflusses der Gurtspannung erfolgt bei verschiedenen Gurtgeschwindigkeiten unter Verwendung von Gurt 1. Die Gurtspannung wird in 3 Stufen variiert (Abbildung 6.14).

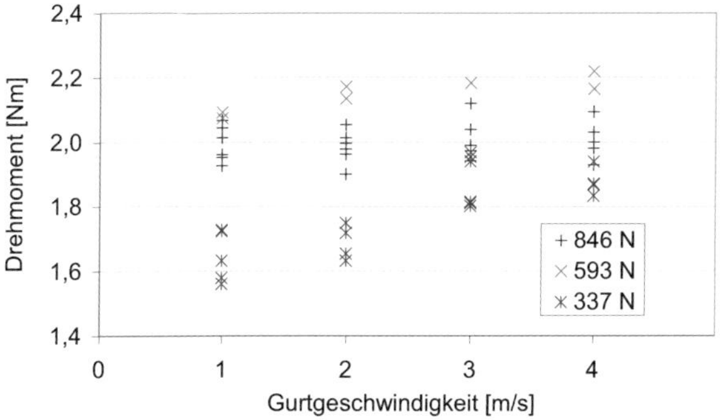

Abbildung 6.14: Drehmoment in Abhängigkeit von der Gurtgeschwindigkeit für verschiedene Gurtspannungen bei Verwendung von Gurt 1

Bei Änderung der Gurtspannung sind Veränderungen des Drehmomentes zu erkennen. Diese sind bei der höchsten Gurtspannung unabhängig von der Geschwindigkeit. Bei den niedrigeren Gurtspannungen nimmt das Drehmoment mit der Geschwindigkeit geringfügig zu. Die jeweils kleinsten Drehmomente treten bei der niedrigsten Gurtspannung auf. Eine stetige Abhängigkeit des Drehmomentes von der Gurtspannung bei konstanter Geschwindigkeit kann anhand der vorliegenden Messwerte jedoch nicht festgestellt werden. Die höchsten Drehmomente sind bei der mittleren Gurtspannung zu beobachten. Dies kann mehrere Ursachen haben, die teils entgegengesetzt wirken. Eine zunehmende Gurtspannung führt zu einem höheren Biegewiderstand des Gurtes an den Trommeln [65], aber auch zu einem geringeren Durchhängen des Gurtes zwischen den Trommeln. Daraus resultiert eine geringere Reibung zwischen Fördergurt und den seitlichen Gleitschienen des Rahmens sowie ein kleinerer Walkwiderstand aufgrund der

Schwingbiegung des Gurtes [66]. Nach Änderung der Federlängen können zudem geringfügige seitliche Verschiebungen des Gurtes auftreten, die im ungünstigsten Fall zu einem direkten Kontakt zwischen dem sich bewegenden Gurt und dem feststehenden seitlichem Rahmen führen können. Dies ist durch Einstellungen am Gurtförderer nur bedingt steuerbar. Auch dadurch können die geringen Drehmomentänderungen nach Neueinstellung der Federlängen verursacht werden. Aufgrund dieser Ergebnisse ist für den Einsatz des Gurtförderers zur Massestrommessung eine konstante Gurtspannung zu empfehlen.

6.1.7 Einfluss des Fördergurtes

Bereits in den Versuchen zu den Drehmomentverläufen innerhalb eines Gurtumlaufs ist deutlich geworden, dass die Beschaffenheit des Fördergurtes einen erheblichen Einfluss auf die Messergebnisse hat. Neben der Betrachtung sehr kurzer Zeitintervalle wird auch die Reproduzierbarkeit der Ergebnisse über längere Zeiträume untersucht. Dabei werden beide 730 mm breiten (Gurt 1 und 2) als auch der 70 mm schmale Fördergurt (Gurt 3) eingesetzt. Die Ergebnisse der durchgeführten Versuche sind in Abbildung 6.13 im Abschnitt 6.1.5 dargestellt.

Anhand dieser Ergebnisse wird eine Zuordnung des erforderlichen Leerlauf-drehmomentes zu den möglichen Ursachen vorgenommen. Im Leerlauf haben nur der Fördergurt und die Trommeln einen Einfluss auf die benötigte Antriebsleistung, da nur diese Komponenten bewegt werden. Erst bei der Realisierung eines Massestromes treten weitere Anteile hinzu, die den Leistungsbedarf erhöhen. Zu den bereits im Leerlauf wirksamen Bewegungs-widerständen zählen der Biegewiderstand des Fördergurtes an den Trommeln, der Rollwiderstand an der Antriebs- und der Umlenktrommel, der Walkwiderstand des Gurtes durch die Schwingbiegung zwischen den Trommeln sowie die Reibung zwischen Fördergurt und Rahmen, die an den Gurtführungsschienen auftritt [44]. Die Trommellager verursachen eine

Verlustleistung, die bereits in den erhöhten Lagertemperaturen beim Betrieb des Gurtförderers deutlich wurden. Um die einzelnen Bewegungswiderstände entsprechend ihrer Ursachen analysieren zu können, werden die Fördergurte miteinander verglichen. Wird statt des 70 mm schmalen Fördergurtes einer der 730 mm breiten Fördergurte eingesetzt, steigt bei konstanten Bewegungswiderständen in den Trommellagern das erforderliche Drehmoment von ca. 0,6 auf etwa 1,5 bis 2,2 Nm. Damit übersteigt der Anteil der Fördergurte 1 bzw. 2 am benötigten Leerlaufdrehmoment den Anteil der Trommellager (maximal 0,6 Nm) deutlich. In Abhängigkeit von der Gurtgeschwindigkeit wurden, stationäre Betriebszustände vorausgesetzt, keine signifikanten Veränderungen des Drehmomentes festgestellt.

Neben der Art und den Abmessungen des Fördergurtes, ist auch eine Änderung des Leerlaufdrehmomentes über die gesamte Nutzungsdauer eines Fördergurtes festzustellen. Im neuwertigen Zustand war vor allem bei Gurt 1 ein um etwa 0,5 bis 1 Nm höheres Leerlaufmoment zu beobachten, als nach mehr als 100 Betriebsstunden, die während der Leerlaufversuche absolviert wurden. Ursachen sind sinkende Biege- und Walkwiderstände des Gurtes sowie Änderung der Bewegungswiderstände der Lager in Abhängigkeit von Abnutzung sowie Art, Menge und Zustand des verwendeten Schmiermittels.

Erschwert wird die Bestimmung des Leerlaufdrehmomentes auch durch die Variation des Leerlaufdrehmomentes innerhalb eines Bereiches von 0,2 bis 0,3 Nm, ohne dass Betriebsparameter verändert worden wäre. Ursachen können, neben den bereits aufgeführten seitlichen Verschiebungen des Fördergurtes, Variationen der Schmiermittelverteilung innerhalb der Lager oder ähnliche zufällige Veränderungen sein.

6.1.8 Einfluss der Temperatur

Bereits am Einlaufverhalten des Gurtförderers wurde deutlich, dass sich veränderte Temperaturen in den Lagern auf das benötigte Drehmoment auswirken. Damit ist zu erwarten, dass dies auch für eine Veränderung der Umgebungstemperatur gilt. Zur Untersuchung dieses Einflusses werden Messwerte bei Temperaturen von 0 und 25 °C verglichen. Dabei erfolgt auch eine Variation der Fördergurte und der Gurtgeschwindigkeit. In Abbildung 6.15 sind die Ergebnisse für 4 m/s dargestellt.

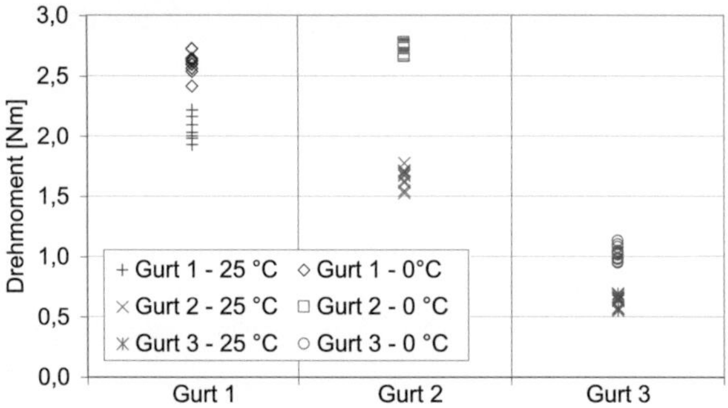

Abbildung 6.15 : Drehmoment im stationären Betrieb in Abhängigkeit von der Gurtspannung für verschiedene Fördergurte und Temperaturen

Bei allen drei verwendeten Fördergurten ist eine Abnahme des Drehmomentes bei zunehmender Temperatur zu beobachten. Je nach verwendetem Gurt fällt diese unterschiedlich stark aus. Bei Gurt 1 beträgt der Rückgang des Drehmomentes bei einem Temperaturanstieg von ca. 0 auf 25 °C etwa 0,5 Nm. Bei Verwendung von Gurt 2 sind es ca. 1 Nm und bei Gurt 3 zwischen 0,4 und 0,5 Nm. Damit wird das Leerlaufdrehmoment bei veränderlicher Temperatur nicht nur durch die Bewegungswiderstände der Lager sondern auch durch die Fördergurte beeinflusst. Im Vergleich der beiden 730 mm breiten Fördergurte ergibt sich beim stärkeren Fördergurt 2 die größere Temperaturabhängigkeit des Drehmomentes. Bei Verwendung von Gurt 1 ergeben sich im Vergleich zum mehr als 90 % schmaleren Gurt 3 hingegen etwa gleiche Ergebnisse, so dass Gurt 1 nahezu keinen Anteil zur

Temperaturabhängigkeit beiträgt. Aufgrund des unterschiedlichen Verhaltens der Fördergurte lässt sich keine allgemeingültige Aussage zur Temperaturabhängigkeit des erforderlichen Drehmomentes machen. Ausschlaggebend sind jeweils der Aufbau und das Material des verwendeten Gurtes.

6.1.9 Verhältnis zwischen Druckdifferenz und Drehmoment am Hydraulikmotor

Mit einem weiteren Prüfstand erfolgt eine Untersuchung des verwendeten hydraulischen Motors. Die Belastung erfolgt mit einer Magnetpulverbremse. Mit den erzielten Messwerten wird eine Funktion erstellt, mit der das Drehmoment in Abhängigkeit von Druckdifferenz, Drehzahl und Motortemperatur berechnet werden kann. Da die Temperaturwerte nicht gleichmäßig über den Messbereich verteilt sind, erfolgt eine Einteilung in Klassen zu 1 °C für die jeweils Mittelwerte gebildet werden. Die Erstellung der Regressionsmodelle erfolgt mit der Software DIAdem. Es werden sowohl lineare als auch quadratische Ansatzfunktionen genutzt. Bei der Durchführung der Auswertung wird zunächst die Abhängigkeit des Drehmomentes vom Differenzdruck bestimmt. Die resultierenden Abweichungen des gemessenen vom berechneten Drehmoment werden in den weiteren Anpassungen minimiert, wobei wiederum Regressionsmodelle mit einer unabhängigen Variablen genutzt werden. Dabei sind jeweils Δp, n oder ϑ die unabhängigen und die verbliebene Drehmomentabweichung die abhängige Variable. Diese Anpassungen werden für die Einflussgrößen nacheinander wiederholt, bis die Änderung des Fehlers des neuen Modells gegenüber dem vorherigen Durchlauf einen festgelegten Grenzwert unterschreitet. Auf diese Weise entsteht ein Regressionsmodell der Form

$$M = f(\Delta p, n, \vartheta)\,. \tag{6.1}$$

Es werden zunächst Modelle für beide Motoren getrennt erstellt. Danach erfolgt die Modellbildung für beide Motoren gemeinsam, um zu untersuchen, ob auch ein gemeinsames Regressionsmodell für die Motoren möglich ist. Beim Vergleich der verschiedenen Modelle ergibt sich, dass für die Druckdifferenz und die Drehzahl eine lineare Regression hinreichend genau ist. Nur bei der Temperatur ergeben sich bei linearer Regression deutlich größere Fehler als bei der quadratischen. Als resultierendes Modell für den ersten Motor, der auch in den weiteren Prüfstands- und Feldversuchen genutzt wird, ergibt sich damit

$$M = 0{,}1724 \frac{Nm}{bar} \cdot \Delta p - 0{,}0018 \frac{Nm}{\min^{-1}} \cdot n - 0{,}0012 \frac{Nm}{°C^2} \cdot \vartheta^2 + 0{,}1071 \frac{Nm}{°C} \cdot \vartheta - 1{,}931 Nm \qquad (6.2)$$

als Regressionsmodell. Die Messfehler sind über den gesamten Messbereich in etwa konstant ±0,2 Nm (Abbildung 6.16). Die relativen Abweichungen für Drehmomente über 2 Nm betragen -4 bis +6 %.

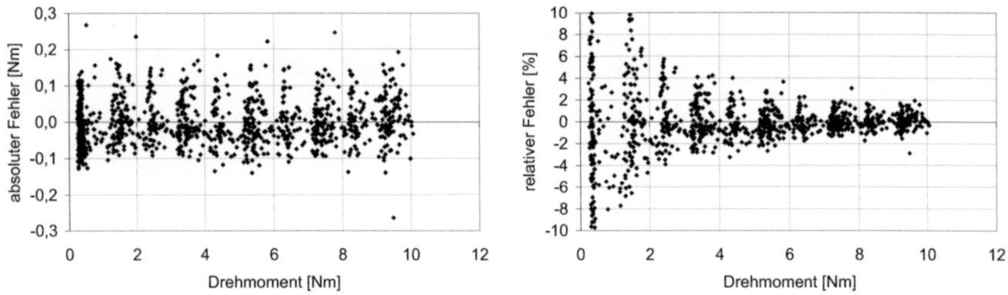

Abbildung 6.16: Abweichungen zwischen gemessenem und berechnetem Drehmoment in Abhängigkeit vom Drehmoment

Werden die absoluten Fehler über die wirkenden Einflussgrößen aufgetragen (Abbildung 6.17), ist zu erkennen, dass das gefundene Regressionsmodell passend ist.

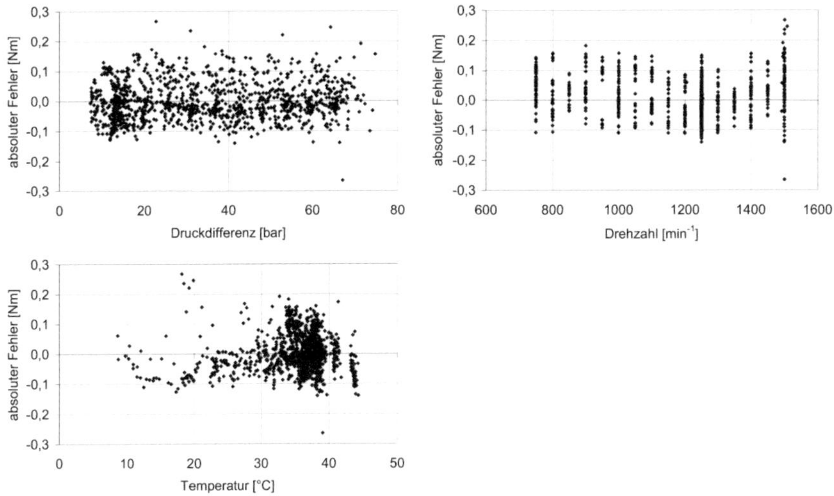

Abbildung 6.17: Abweichungen zwischen gemessenem und berechnetem Drehmoment in Abhängigkeit von Druckdifferenz, Drehzahl und Temperatur

Erfolgt die Erstellung eines gemeinsamen Modells für beide Motoren, erhöhten sich die Abweichungen deutlich (Abbildung 6.18), so dass es sinnvoll erscheint, motorspezifische Modelle zu nutzen.

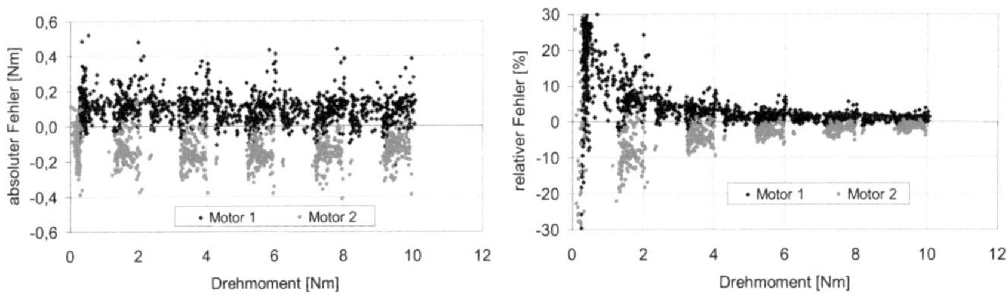

Abbildung 6.18: Abweichungen zwischen gemessenem und berechnetem Drehmoment in Abhängigkeit vom Drehmoment bei einem gemeinsamen Modell für beide Motoren

Zusammenfassend lässt sich zur Möglichkeit der Massestromermittlung auf Basis der Messung des Differenzdruckes am Hydraulikmotor feststellen, dass die Genauigkeit im Vergleich zur Drehmomentmessung sinkt. Dies ist im Wesentlichen auf die Abhängigkeit des Wirkungsgrades von der Drehzahl und der Temperatur, aber auch vom verwendeten Motor und des Hydrauliköls zurückzuführen. Während Drehzahl- und Temperatureinflüsse noch durch Kalibrierungen korrigiert werden können, erscheint dies für die Abhängigkeit von Motor und Hydrauliköl aufgrund der erforderlichen Einzelkalibrierungen als unzweckmäßig. Ist nur die relative Masseverteilung des Erntegutes auf einer Fläche von Interesse, ist die Druckdifferenzmessung mit den Fehlern entsprechend der Abbildung 6.16 möglich. Für eine absolute Massebestimmung ist der Einsatz der Drehmomentmesswelle vorzuziehen. Sie wird auch für die weiteren Prüfstands- und Feldversuche genutzt.

6.1.10 Zusammenfassung - Leerlauf

Unter Verzicht auf einen Materialfluss wurden Erkenntnisse über das Zusammenwirken der einzelnen Bauteile und Einstellmöglichkeiten am Gurtförderer im Hinblick auf den Leistungsbedarf gewonnen. Die wesentlichen Ergebnisse sind in Tabelle 6.1 zusammengestellt.

An der Antriebstrommel des Gurtförderers traten Drehmomentschwankungen auf, die eine Signalglättung erforderlich machen. Da dies nicht allein mit der Wahl des Fördergurtes oder der Trommeln zu bewerkstelligen war, wurde eine rechentechnische Signalglättung eingesetzt. Dabei hat sich eine Mittelwertbildung über jeweils ganze Gurtumläufe als zweckmäßig erwiesen. Die Ermittlung der Intervalle erfolgt mit einem Impulsgeber, der zugleich eine einfache Ermittlung der Gutgeschwindigkeit ermöglicht.

Tabelle 6.1: Ergebnisse der Prüfstandsversuche - Leerlauf

Untersuchte Größe	ermittelter Einfluss	Maßnahme
Dynamik der Drehmomentverläufe	• ohne Glättung starke Schwankungen des Drehmomentes in einem Bereich von 1 bis 3 Nm um den mittleren Drehmomentwert von ca. 2 Nm	• Mittelung der Messwerte über ganze Gurtumläufe
Einlaufverhalten nach Inbetriebnahme oder Änderung von Einstellungen	• Drehmoment sinkt bei steigenden Lagertemperaturen ab, z.B. bis zu 0,8 Nm innerhalb von 30 min nach Inbetriebnahme mit einer Gurtgeschwindigkeit von 4 m/s	• Massestrom-messungen erst nach Erreichen stationärer Betriebszustände beginnen
Einfluss der Gurtgeschwindigkeit	• Gurt 1: kein Einfluss zu erkennen, • Gurt 2: Drehmoment nimmt um 10 % zu, wenn die Gurtgeschwindigkeit von 1 auf 4 m/s steigt	• konstante Gurtge-schwindigkeit bei den Messungen einhalten
Einfluss der Gurtspannung	• unstetige Änderungen im Bereich zwischen 300 und 900 N	• konstante Gurt-spannung bei den Messungen einhalten
Einfluss der Art des Fördergurtes	• Anteil des Fördergurtes am Leistungsbedarf ist gurtabhängig und beträgt 2/3 (Gurt 2) bis 3/4 (Gurt 1) der Gesamtleistung	• Keine unterschied-lichen Fördergurte verwenden
Einfluss der Umgebungstemperatur	• bei Temperaturanstieg von 0 auf 25 °C Drehmomentrückgang um 0,5 (Gurt 1 und 3) bis 1 Nm (Gurt 2)	• keine
Einfluss auf die Druckdifferenz am Hydraulikmotor	• Druckdifferenz ist neben dem Drehmoment auch von Drehzahl und Temperatur abhängig	• Verwendung des Drehmomentes an der Motorwelle zur Leistungserfassung

Anhand der geglätteten Drehmoment- und Geschwindigkeitswerte zeigte sich, dass Änderungen der Betriebsparameter den Leistungsbedarf beeinflussen können. Nach Änderung der Gurtgeschwindigkeit, z.B. bei Inbetriebnahme des Gurtförderers, veränderten sich die Temperaturen in den Lagern der Trommeln gegenüber der Umgebungstemperatur. Dies führte zu einem Drift des Leerlaufdrehmomentes bis zum Erreichen stationärer Betriebszustände nach ca. 20 bis 30 Minuten. Stationäre Betriebszustände vorausgesetzt, zeigte sich dann eine nur geringe Abhängigkeit des Leerlaufmomentes von der Gurtgeschwindigkeit. Ist die Variation der Gurtgeschwindigkeit nur gering, kann dieser Einfluss vernachlässigt werden. Die Spannkraft des Gurtes sollte konstant gehalten werden, da sich hierbei mehrere Effekte auf den Leistungsbedarf auswirken können. Einerseits nehmen bei geringerer Gurtspannung die Verluste, die durch Reibung zwischen dem durchhängenden Gurt und dem Rahmen des Gurtförderers verursacht werden, zu. Andererseits steigt bei Erhöhung der Gurtspannung der Biegewiderstand des Fördergurtes. Die Summe dieser Auswirkungen führte im untersuchten Bereich, v.a. bei Gurt 1, jedoch nur zu geringfügigen Drehmomentänderungen. Die Art des Fördergurtes wirkte sich erheblich auf den Leistungsbedarf im Leerlauf aus, da er deutlich mehr als 50 % der Gesamtleerlaufleistung verursachte. Für die Signalglättung spielte bei der gewählten Mittelung der Fördergurt nur eine untergeordnete Rolle. Eine höhere Umgebungstemperatur lies das Leerlaufdrehmoment absinken, was vorrangig auf geringere Reibungsverluste in den Trommellagern zurückzuführen war.

In der abschließenden Betrachtung der Druckdifferenz am Hydraulikmotor als mögliches Maß für den Leistungsbedarf traten weitere Einflussgrößen hervor, welche die Genauigkeit der Bestimmung der abgegebenen Motorleistung reduzierten. Daher erfolgt bei den weiteren Untersuchungen die Bestimmung der Leistung aus Drehmoment und Drehzahl.

Aufgrund der zahlreichen Einflüsse, die sich auf das Leerlaufmoment auswirkten, ist eine rechnerische Bestimmung des Leerlaufmomentes auch bei Kenntnis der einzelnen Betriebsparameter nicht zweckmäßig. Zahlreiche bei den Messungen konstante Größen, z.B. Reibung zwischen Fördergurt und Rahmen, Menge und Art des Schmiermittels in den Lagern, Verschleiß einzelner Bauteile oder Verschmutzung der Maschine, sind gerätespezifisch, so dass eine Messung des tatsächlich auftretenden Leerlaufmomentes bei der Massestromermittlung notwendig ist.

6.2 *Prüfstandsversuche – Materialfluss*

Die Versuchsanordnung wird für die folgenden Versuche so ergänzt, dass ein zeitlich begrenzter Massestrom, wie in Abschnitt 5.2.1.3 beschrieben, realisiert werden kann. Die Ergebnisse eines beispielhaften Versuches mit konstantem Massestrom sind in Abbildung 6.19 dargestellt.

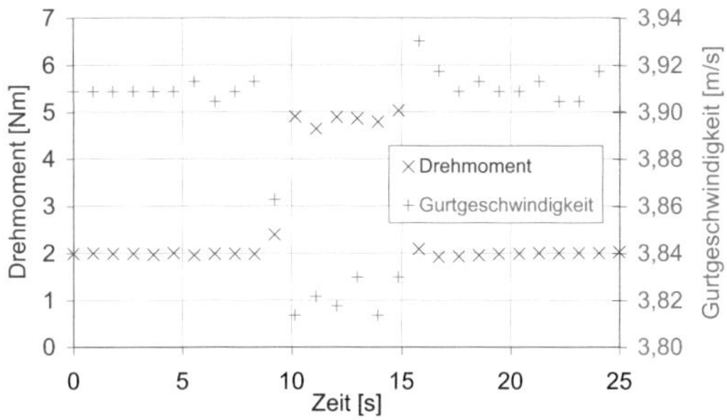

Abbildung 6.19: Drehmoment und Gurtgeschwindigkeit in Abhängigkeit von der Zeit für eine beispielhafte Messung mit Materialfluss

Bis etwa zur 8. und ab der 15. Sekunde der Messung beträgt das Drehmoment annähernd konstante 2 Nm. In dieser Zeit wird kein Material gefördert. Dazwischen wird das Material, das gleichmäßig auf den Zuführförderer aufgebracht wurde, über das Messförderband gefördert. Dabei sind die Messwerte deutlich erhöht und innerhalb dieses Zeitraumes weitgehend konstant. Für die weiteren Berechnungen werden dann die zugehörigen Leerlaufwerte von den Drehmomentmesswerten subtrahiert. Neben dem Drehmoment ist zusätzlich die Gurtgeschwindigkeit in Abbildung 6.19 dargestellt. Sie nimmt im Leerlauf konstante Werte an, geht jedoch bei Materialförderung lastabhängig geringfügig zurück. Die dargestellten Werte entsprechen dem idealen Verlauf mit konstantem Leerlaufdrehmoment. Während der Versuche können jedoch Störungen auftreten, welche die Messwerte durch Änderung des Leerlaufdrehmomentes verfälschen. In diesen Fällen führt eine seitliche Verschiebung des Fördergurtes zu einer sprunghaften Änderung des Leerlaufdrehmomentes (Abbildung 6.20).

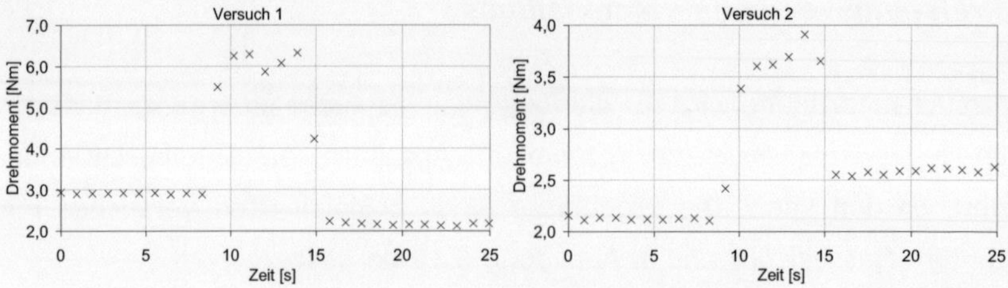

Abbildung 6.20: Drehmoment und Gurtgeschwindigkeit in Abhängigkeit von der Zeit bei Materialfluss und mit Störungen im Leerlaufmoment

Im rechts abgebildeten Diagramm bewegt sich der Fördergurt bis zum Einsetzen des Materialflusses nach neun Sekunden zunächst ohne eine Seitenwand zu berühren. Durch eine Verschiebung des Gurtes an den Rand steigt das Leerlaufdrehmoment dann aber auf einen neuen etwa konstanten Wert an. Hat der Fördergurt dagegen zu Beginn der Messung durch Kontakt zur Seitenwand ein hohes Leerlaufdrehmoment verursacht, ist auch eine sprunghafte Abnahme des Leerlaufdrehmomentes möglich. Dies ist im Diagramm auf der linken Seite dargestellt. Im zweiten Diagramm der Abbildung 6.20 ist zudem zu erkennen, dass bei konstantem Massestrom zwischen der 10. und 14. Sekunde das Drehmoment stetig steigt. Dies verdeutlicht die seitliche Verschiebung des Gurtes während dieser mit Material beschickt wird. Vermeiden lassen sich diese seitlichen Verschiebungen teilweise, indem sich das Fördergut beim Auftreffen auf den Fördergurt nicht quer zum Fördergurt bewegt. Dies kann beispielsweise durch eine Prallplatte realisiert werden, die oberhalb des Fördergurtes installiert ist und das Fördergut abbremst und senkrecht auf den Messförderer fallen lässt.

6.2.1 Einlaufverhalten

Die Leerlaufversuche in Abschnitt 6.1.4 zeigten, dass nach Inbetriebnahme des Gurtförderers das Drehmoment bis zum Erreichen stationärer Betriebszustände absinkt. Ob sich dies auch auf die erforderliche Antriebsleistung bei Materialfluss auswirkt, ist Gegenstand dieser Untersuchung, die mit Gurt 2 durchgeführt wird. Die Gurtgeschwindigkeit beträgt 3 m/s und die innerhalb von jeweils 6 Sekunden geförderte Masse 48 kg. Nach Einschalten des Messförderers erfolgen wiederholt Versuche unter jeweils gleichen Einstellungen. Die Ergebnisse zweier Versuchsreihen sind in Abbildung 6.21 dargestellt.

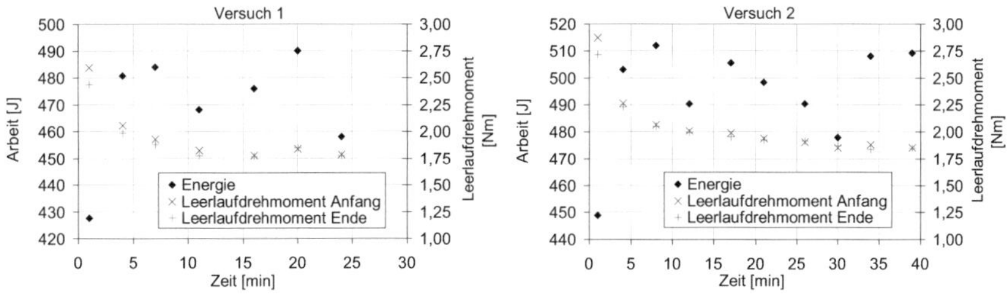

Abbildung 6.21: Arbeit und Leerlaufdrehmoment in Abhängigkeit von der Zeit ab Inbetriebnahme des Messförderers

Es ist zu erkennen, dass innerhalb der Versuchsreihen das Leerlaufdrehmoment wie erwartet abnimmt. Am jeweils ersten Messpunkt in den Diagrammen wird deutlich, dass selbst im Verlauf einzelner Versuche das Leerlaufdrehmoment abnehmen kann. Die benötigte Arbeit zur Förderung der jeweils gleichen Masse ist beim ersten Messwert nach Inbetriebnahme des Gurtförderers um etwa 10 % kleiner als das Mittel der nachfolgenden Werte. Diese variieren nur noch innerhalb eines Bereiches von ca. 5 % des mittleren Messwertes. Bereits 3 bis 4 Minuten nach Inbetriebnahme des Gurtförderers ist eine Messung möglich, wenn sich während der Messdauer das Leerlaufdrehmoment nicht wesentlich verändert. Die mögliche Dauer einer Messung steigt dann kontinuierlich und erreicht ab der zehnten Minute Werte von mehr als einer Minute.

Treten bei der Anwendung im Mähwerk bereits zu Beginn längere Messintervalle auf, nimmt der Messfehler zu. Die Intervalle, in denen am Messförderer eine Bestimmung des Leerlaufdrehmomentes möglich ist, liegen zeitlich so weit auseinander, dass nicht zu jeder Zeit ein aktueller

Wert des Leerlaufdrehmomentes zur Verfügung steht. Eine Abschätzung anhand einer Kalibrierfunktion ist aufgrund der in Abschnitt 6.1 aufgezeigten Einflüsse auf das Leerlaufdrehmoment nicht zweckmäßig. Daher sollten zu Beginn möglichst kurze Messintervalle genutzt werden, um in engen zeitlichen Abständen das Leerlaufdrehmoment aktualisieren zu können.

6.2.2 Einfluss der Geschwindigkeit von Fördergurt und -gut

Bei der Materialförderung ist aufgrund der dem Fördergut zuzuführenden kinetischen Energie, eine Zunahme des Leistungsbedarfs bei steigender Gurtgeschwindigkeit zu erwarten. Dies verdeutlichen auch die ersten Messergebnisse, die bei Einsatz von Gurt 1 für verschiedene Gurtgeschwindigkeiten und Fördergüter erzielt wurden (Abbildung 6.22).

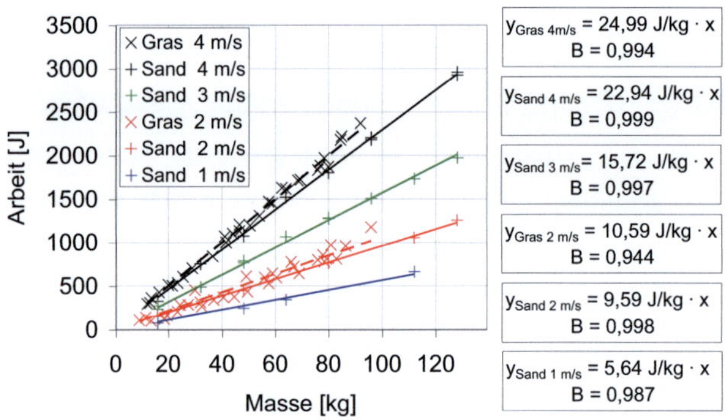

Abbildung 6.22: Verrichtete Arbeit in Abhängigkeit von der geförderten Masse für verschiedene Gurtgeschwindigkeiten und Fördergüter bei Einsatz von Gurt 1

Die Bestimmtheitsmaße der Regressionsgeraden erreichen bei den meisten Versuchsreihen Werte von über 0,99. Dies verdeutlicht, dass der Geradenanstieg zur Beschreibung der Abhängigkeit der benötigten Arbeit von der geförderten Masse zweckmäßig gewählt ist. Die Materialabhängigkeit ist beim Vergleich von Gras und Sand nur gering. Die Regressionskoeffizienten sind bei Sand um 8 bis 10 % geringer als bei Gras. Insgesamt ist die kinetische Energie, die dem Fördergut zugeführt werden muss, deutlich kleiner als die ermittelten Arbeitswerte. Entsprechend Tabelle 6.2 nimmt der Anteil der kinetischen Energie an der verrichteten Arbeit mit der Gurtgeschwindigkeit zu und erreicht bei 4 m/s ca. ein Drittel. Damit wirken sich unerwünschte Einflussgrößen, wie variierende Reibungsverluste, bei höheren Gurtgeschwindigkeiten weniger stark aus.

Tabelle 6.2: Regressionskoeffizienten in Abhängigkeit von der Gurtgeschwindigkeit für die Fördergüter Sand und Gras

Gurtgeschwindigkeit	kinetische Energie	gemessene Arbeit		Anteil der kinetischen Energie an der gemessenen Arbeit	
		Gras	Sand	Gras	Sand
[m / s]	[J / kg]	[J / kg]	[J / kg]	[%]	[%]
1	0,5		5,64		8,87
2	2,0	10,59	9,59	18,89	20,86
3	4,5		15,72		28,63
4	8,0	24,99	22,94	32,01	34,87

Bei den Versuchen in Abbildung 6.22 ist die Anfangsgeschwindigkeit des Förderguts bezogen auf die Bewegungsrichtung des Messförderers gleich Null. In weiteren Versuchen mit Sand wird diese Anfangsgeschwindigkeit verändert (Abbildung 6.23).

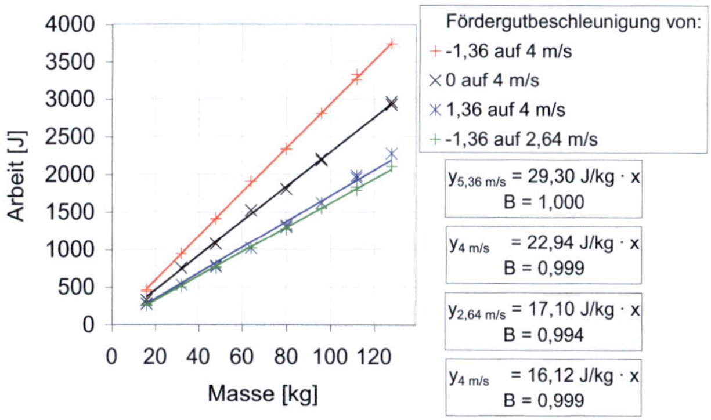

Abbildung 6.23: Verrichtete Arbeit in Abhängigkeit von der geförderten Masse bei Einsatz von Gurt 1 und Sand für verschiedene Gurtgeschwindigkeiten und Anfangsgeschwindigkeiten des Förderguts

Bei Anhebung von 0 m/s auf die Gurtgeschwindigkeit des Zuführförderers (ca. 1,36 m/s) sinkt die erforderliche Arbeit um ca. 25 %, der Regressionskoeffizient geht von 22,94 J/Kg auf 17,10 J/kg zurück. Bewegen sich Zuführ- und Messförderer gegenläufig, nimmt die erforderliche Arbeit um 25 % zu. Erfolgt eine Beschleunigung des Förderguts nicht von 0 auf 4 m/s sondern von -1,36 auf 2,64 m/s, also bei gleicher Differenzgeschwindigkeit, ergibt sich ein deutlich geringerer Arbeitsbedarf. Damit sind neben der Differenz zwischen Anfangs- und Endgeschwindigkeit des Förderguts auch die einzelnen Werte selbst zu berücksichtigen. Im Vergleich zur berechneten zuzuführenden kinetischen Energie, ist die tatsächlich verrichtete Arbeit auch bei diesen Versuchen deutlich größer (Tabelle 6.3).

Tabelle 6.3: Regressionskoeffizienten in Abhängigkeit von der Gurtgeschwindigkeit und der Anfangsgeschwindigkeit des Förderguts

Startgeschwindigkeit Fördergut [m / s]	Gurtgeschwindigkeit [m / s]	kinetische Energie [J / kg]	gemessene Arbeit Sand [J / kg]	Anteil der kinetischen Energie an der gemessenen Arbeit Sand [%]
-1,36	4	8,92	29,30	30,44
0	4	8,00	22,94	34,87
1,36	4	7,08	17,10	41,40
-1,36	2,64	4,41	16,12	27,36

Da die Motordrehzahl bei den Versuchen gesteuert und nicht geregelt wird, kann sie belastungsabhängig variieren. Auch ein mit zunehmender Belastung steigender Schlupf zwischen Fördergurt und Antriebstrommel kann auftreten. Aus diesen Gründen werden die Gurtgeschwindigkeiten bei verschiedenen Belastungen verglichen. Die Ergebnisse für Gurt 1 bei einem Sollwert von ca. 4 m/s sind in Abbildung 6.24 für Sand und Gras dargestellt. Die Gurtgeschwindigkeit nimmt jeweils mit zunehmender Belastung ab. Der Rückgang, bezogen auf eine Masseänderung von 100 kg bzw. einer Massestromzunahme von 17 kg/s, beträgt bei Sand 0,07 m/s und bei Gras vergleichbare 0,05 bis 0,07 m/s. Dies entspricht einer prozentualen Abnahme von maximal 1,75 %. Dabei kann nicht unterschieden werden, ob es sich um eine Drehzahlreduzierung oder eine Zunahme des Schlupfes handelt.

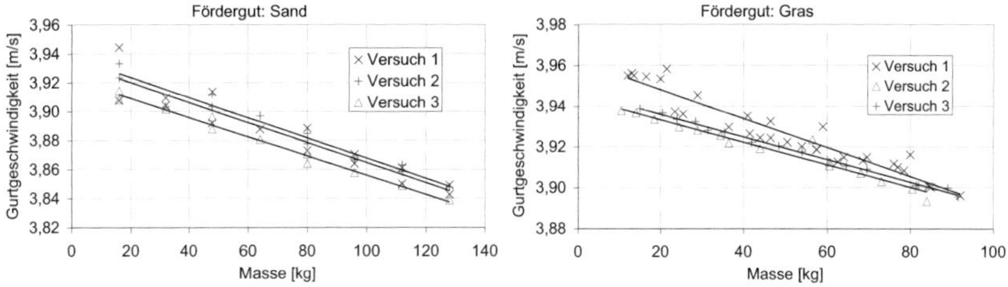

Abbildung 6.24: Gurtgeschwindigkeit in Abhängigkeit von der geförderten Masse für Sand und Gras bei Einsatz von Gurt 1 und einem Gurtgeschwindigkeitssollwert von 4 m/s

Verglichen werden diese Ergebnisse noch für die Verwendung von Sand mit Gurt 1 bei 2 m/s und mit Gurt 2 bei 3 m/s. Die Ergebnisse sind in Abbildung 6.25 dargestellt.

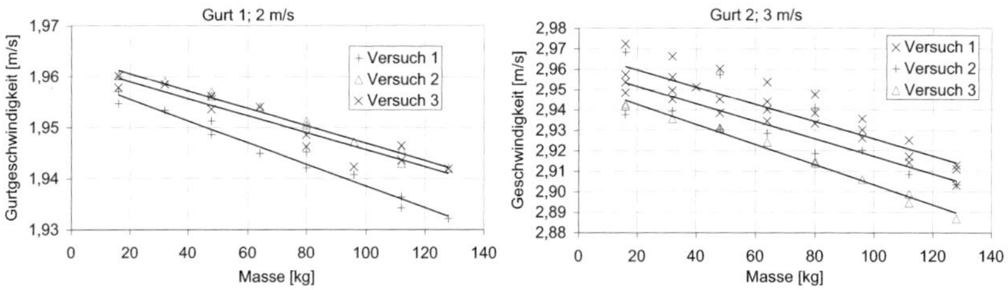

Abbildung 6.25: Gurtgeschwindigkeit in Abhängigkeit von der geförderten Masse für Gurt 1 bei 2 m/s und Gurt 2 bei 3 m/s bei Einsatz von Sand als Fördergut

Für Gurt 1 ergibt sich bei einem Sollwert von 2 m/s ebenfalls ein lastabhängiger Gurtgeschwindigkeitsrückgang, der sich auf maximal 1 % des Messwertes beläuft. Bei Gurt 2 sind es 1,6 %. Damit betragen in den betrachteten Fällen die lastabhängigen Rückgänge der Gurtgeschwindigkeit zwischen 1 und 1,75 % je 100 kg Fördergutmasse. Diese niedrigen Werte beeinflussen die Massestrommessung nur geringfügig. Die folgende Betrachtung soll dies veranschaulichen. Ausgehend von den Werten in Tabelle 6.2, ergibt sich für Sand zwischen den Gurtgeschwindigkeiten 3 und 4 m/s eine Änderung des Regressionskoeffizienten um ca. 7 J/kg. Die festgestellte Lastabhängigkeit der Gurtgeschwindigkeit beträgt bei 4 m/s und einer Zuladung von 100 kg ca. 0,07 m/s. Aus beiden Werten resultiert ein um 0,49 J/Kg bzw. 2 % überhöhter Regressionskoeffizient, wenn statt des tatsächlichen Wertes der Sollwert der Gurtgeschwindigkeit für die Wahl des Regressionskoeffizienten genutzt wird. Ein Fehler dieser Größenordnung lässt sich aufgrund der Vielzahl möglicher Einflussgrößen anhand der Messwerte nicht erkennen. Umgangen werden kann dieser Einfluss auf die Genauigkeit, indem die Regressionsfunktion die tatsächlich auftretende Gurtgeschwindigkeit berücksichtigt. So werden auch lastabhängige Geschwindigkeitsänderungen ausgeglichen und führen nicht zu Messfehlern. Sinnvoll erscheint dies auch, weil sich bei anderen Antriebssystemen, z.B. dem Antrieb des Schwadversetzers durch die Gelenkwelle am Mähwerk, die Gurtgeschwindigkeit variieren kann. Aus diesen Gründen wird in Kapitel 6.2.7 eine Korrekturfunktion erstellt, die bei den Feldversuchen getestet wird.

Aufgrund der Ergebnisse der Untersuchungen zum Einfluss der Gurtgeschwindigkeit auf die erforderliche Antriebsleistung, erscheint die Wahl einer möglichst hohen Geschwindigkeit sinnvoll. Auf diese Weise wird ein höheres Drehmoment gegenüber dem Leerlauf erreicht, so dass sich Unsicherheiten bei der Bestimmung des Leerlaufdrehmomentes weniger stark auswirken können. Des Weiteren ist das Bestimmtheitsmaß der Messreihen mit höherer Gurtgeschwindigkeit, v.a. bei Gras als Fördergut, höher. Der Anteil der kinetischen Energie, die dem Fördergut zugeführt wird, nimmt in Relation zu den Verlustleistungsanteilen mit steigender Gurtgeschwindigkeit zu. Dadurch wirken sich Schwankungen in der Verlustleistung, die z.B. durch unterschiedlich starke Reibungsverluste entstehen können, weniger auf die Massestromberechnung aus. Bezüglich der Anfangsgeschwindigkeit des Fördergutes beim Auftreffen auf den Fördergurt ist festzustellen, dass diese Größe das Ergebnis beeinflusst. Sie muss entweder in einer Kalibrierung berücksichtigt oder während der Messungen konstant gehalten werden. Da sich während der Untersuchungen zeigte, dass eine zuverlässige Erfassung der Gutgeschwindigkeit sehr schwierig ist, wird eine konstante Anfangsgeschwindigkeit des Fördergutes bevorzugt. Dies kann durch einen entsprechenden Aufbau der Ertragsmesseinrichtung gewährleistet werden.

6.2.3 Einfluss der Neigung

Eine Neigung des Messförderers, die beispielsweise bei Arbeiten in Hanglagen auftritt, beeinflusst den Leistungsbedarf des Antriebs, da Hubarbeit verrichtet werden muss. Wie stark sich dieser Effekt, auch im Vergleich zu den theoretisch erwarteten Werten, auswirkt, wird für Gras und Sand als Fördergut untersucht. Die betrachteten Winkel betragen dabei zwischen -5 und +5 ° gegenüber der Waagerechten. Eine Neigung des Gurtes um 5 ° entspricht bei einer Transportstrecke von ca. 120 cm einem Höhenunterschied von etwa 10,5 cm. Die Variation des Neigungswinkels erfolgt bei Gras in 3 (-5 °, 0 ° und +5 °) und bei Sand in 4 Schritten (-5 °, -2,5 °, +2,5 ° und +5 °). Die Versuchsergebnisse sind bei einer Gurtgeschwindigkeit von 4 m/s in Abbildung 6.26 dargestellt.

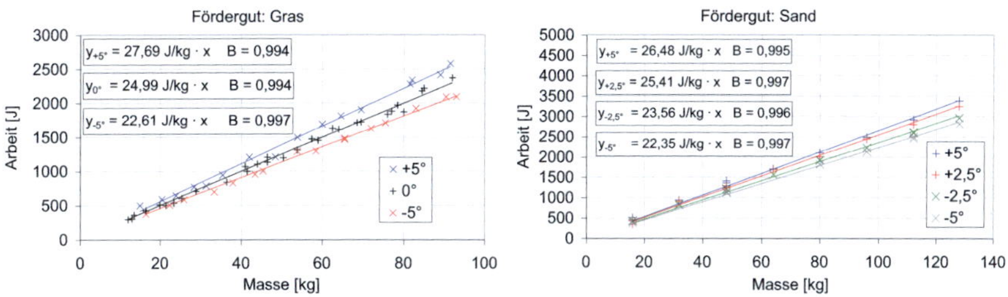

Abbildung 6.26: Verrichtete Arbeit in Abhängigkeit von der geförderten Masse für verschiedene Neigungswinkel und Fördergüter bei Einsatz von Gurt 1 mit einer Gurtgeschwindigkeit von 4 m/s

Bei Gras zeigt sich, dass eine Änderung um 5 ° im untersuchten Bereich eine Änderung der verrichteten Arbeit um etwa 10 % bzw. 2,5 J/kg zur Folge hat (Tabelle 6.4). Dies gilt sowohl für die Abnahme bei einem Gefälle als auch für die Zunahme bei einem Anstieg entlang des Transportweges. Bei der Verwendung von Sand ergeben sich Änderungen der gemessenen Arbeit von ca. 8 bis 9 % bei gleicher Änderung des Neigungswinkels. Dies entspricht einer absoluten Änderung der verrichteten Arbeit um etwa 2 J/kg.

Tabelle 6.4: Regressionskoeffizienten in Abhängigkeit von der Neigung des Messförderers für die Fördergüter Gras und Sand

Neigungswinkel	zuzuführende potentielle Energie gegenüber waagerechter Förderung	gemessene Energie		Änderung der gemessenen Arbeit gegenüber der Waagerechten		Anteil der potentiellen Energie an der Änderung der gemessenen Arbeit	
		Gras	Sand	Gras	Sand	Gras	Sand
[°]	[J / kg]	[J / kg]	[J / kg]	[%]	[%]	[%]	[%]
- 5	-1,03	22,61	22,35	-9,52	-8,78	43,28	47,91
- 2,5	-0,51		23,56		-3,84		54,26
0	0,00	24,99	*24,50* *	-	-	-	-
+ 2,5	0,51		25,41		3,71		56,43
+ 5	1,03	27,69	26,48	10,80	8,08	38,00	51,82

* Wert auf Basis der anderen Werte geschätzt

Damit sind die Unterschiede, die sich zwischen den beiden Fördergütern zeigen, vergleichsweise gering. Auf Basis der durchgeführten Messungen kann kein allgemeingültiger Unterschied abgeleitet werden. Neben den verschiedenen Fördergütern wird auch der Neigungseinfluss bei verschiedenen Gurtgeschwindigkeiten betrachtet. Dazu werden die Ergebnisse, die bei Gurtgeschwindigkeiten von 4 und 2 m/s (Abbildung 6.27) mit Sand erzielt wurden, miteinander verglichen.

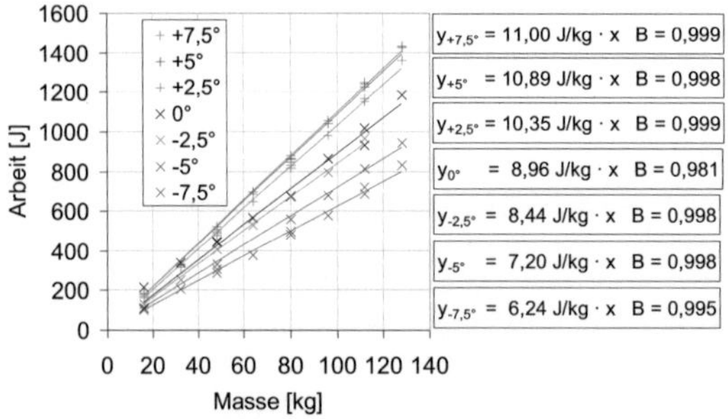

Abbildung 6.27: Verrichtete Arbeit in Abhängigkeit von der geförderten Masse für verschiedene Neigungswinkel bei Einsatz von Gurt 1 mit einer Gurtgeschwindigkeit von 2 m/s

Die Anstiege der einzelnen Regressionsgeraden sind bei 2 m/s in Abbildung 6.27 weniger gleichmäßig gestaffelt als bei 4 m/s. Dies wird durch Änderungen weiterer Einflussgrößen während des Versuchs hervorgerufen. So sind für die Neigungswinkel +2,5 ° und +5 ° auch höhere Leerlaufdrehmomente als bei den anderen Versuchsreihen festzustellen. Insgesamt ist jedoch deutlich zu erkennen, dass sich eine Änderung des Neigungswinkel bei einer Gurtgeschwindigkeit von 2 m/s in nahezu gleicher Weise auswirkt wie bei 4 m/s. Beträgt die Änderung der erforderlichen spezifische Arbeit bei 4 m/s ca. 2 J/kg pro 5 °, so sind es bei 2 m/s im Mittel 1,6 J/kg. Wird nur der Bereich von -7,5 ° bis +2,5 ° betrachtet, ergeben sich sogar ebenfalls 2 J/kg pro 5 °. Damit erscheint die neigungswinkelabhängige Änderung der Regressions-koeffizienten als unabhängig von der Gurtgeschwindigkeit.

Die erforderliche Arbeit nimmt in stärkerem Maße zu, als dies allein durch die berechnete Hubarbeit zu erwarten wäre. Bei Gras beträgt der Anteil der Hubarbeit ca. 40 %. Bei Sand sind es im Mittel etwa 50 %. Damit wird die Hälfte der zusätzlich aufzuwendenden Arbeit für ebenfalls ansteigende Verluste benötigt. Ursache dafür kann die zunehmende Kraft, mit welcher der Gurt auf die seitlichen Führungsschienen gedrückt wird, sein. Diese nimmt bei einer Anhebung des Fördergutes entlang der Transportstrecke zu und verringert sich bei einem Gefälle.

Der Einfluss der Neigung des Messförderers kann bei Ermittlung des Massestromes nicht vernachlässigt werden. Während in fest installierten Förderbändern u.U. eine konstante Neigung gegeben ist, lässt sich dies auf der fahrenden Erntemaschine nicht gewährleisten. Daher ist eine kontinuierliche Erfassung des Neigungswinkels sowie eine Berücksichtigung in der Kalibrierfunktion erforderlich. Die Erstellung dieser Korrekturfunktion ist Gegenstand des Kapitels 6.2.8.

6.2.4 Einfluss der Transportweglänge

Die Länge des Transportweges auf dem Fördergurt beeinflusst nicht die kinetische oder potentielle Energie die dem Fördergut zugeführt werden muss. Ein Einfluss auf die entstehenden Reibungsverluste ist jedoch möglich. Durch die Anordnung des Mess- zum Zuführförderer kann die Länge des Transportweges auf dem 172 cm langen Messförderer variiert werden. Der untersuchte Bereich beträgt bei Gurt 1 zwischen 80 und 120 cm und bei Gurt 2 zwischen 80 und 130 cm. Diese Werte beziehen sich auf die mittlere Länge des Transportweges, da das Fördergut über einen Bereich von bis zu 50 cm, die der Breite des Zuführförderers entspricht, auf dem Messförderer auftreffen kann. Durch die Wahl der untersuchten Transportweglängen soll sichergestellt werden, dass sowohl das gesamte Fördergut auf den Gurt fällt als auch das Fördergut bis zum Abwurf auf die Gurtgeschwindigkeit beschleunigt werden kann.

Bei Nutzung von Gurt 1 und Gras bei einer Gurtgeschwindigkeit von 4 m/s ergeben sich deutliche Unterschiede zwischen den untersuchten Förderweglängen (Abbildung 6.28).

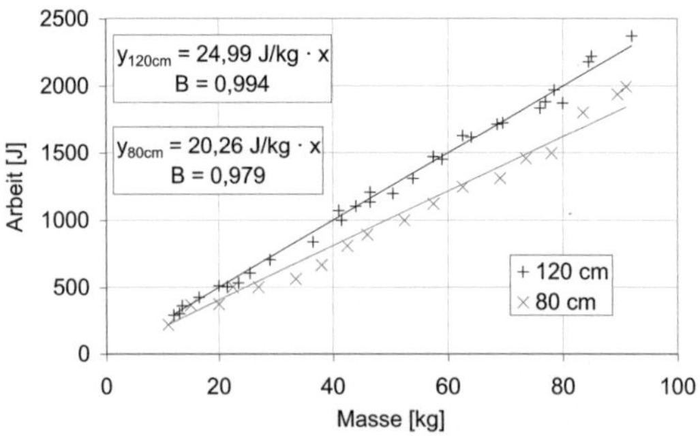

Abbildung 6.28: Verrichtete Arbeit in Abhängigkeit von der geförderten Masse für verschiedene Förderweglängen bei der Förderung von Gras mit Gurt 1 und einer Gurtgeschwindigkeit von 4 m/s

Ein längerer Transportweg verursacht bei Gras einen höheren Leistungsbedarf. Bei der Verwendung von Sand ergibt sich ein ähnliches Bild, wobei sich die Regressionskoeffizienten weniger stark unterscheiden (Abbildung 6.29).

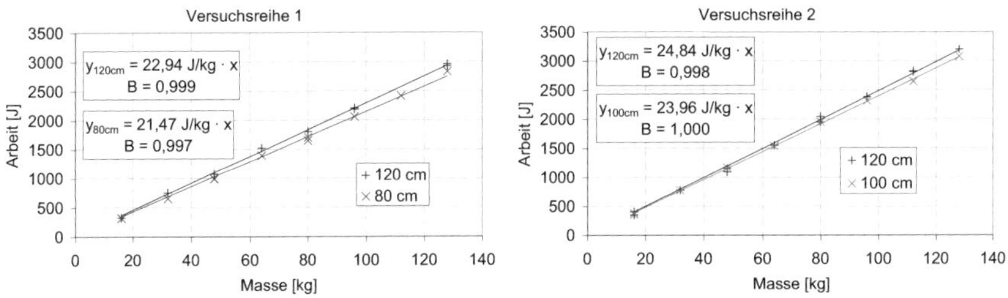

Abbildung 6.29: Verrichtete Arbeit in Abhängigkeit von der geförderten Masse für verschiedene Förderweglängen bei der Förderung von Sand mit Gurt 1 und einer Gurtgeschwindigkeit von 4 m/s in zwei unabhängigen Versuchsreihen

Eine Wiederholung der Versuche kann zu unterschiedlichen Ergebnissen führen, wie an den Regressionskoeffizienten für die Transportweglänge 120 cm in Abbildung 6.29 erkennbar wird. Diese unterscheiden sich um 8 %. Ursache können Veränderungen von Einflussgrößen, die sich v.a. auf die Reibungsverluste auswirken, sein. Bei der Durchführung der Versuche mit einer Gurtgeschwindigkeit von 2 m/s zeigen sich bei zweimaliger Durchführung ebenfalls verschiedene Ergebnisse (Abbildung 6.30).

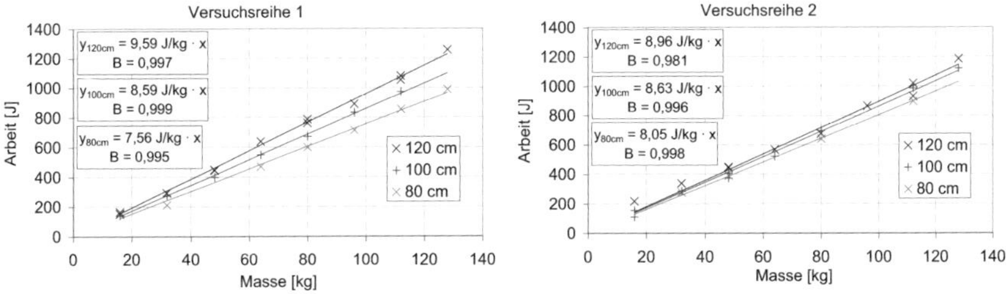

Abbildung 6.30: Verrichtete Arbeit in Abhängigkeit von der geförderten Masse für verschiedene Förderweglängen bei der Förderung von Sand mit Gurt 1 und einer Gurtgeschwindigkeit von 2 m/s in zwei unabhängigen Versuchsreihen

Während bei der 100 cm langen Förderstrecke annähernd gleiche Regressionskoeffizienten zu verzeichnen sind, weichen die Werte für 80 und 120 cm deutlich voneinander ab. Neben Gurt 1 wird auch Gurt 2 für Versuche genutzt, deren Ergebnisse für zwei verschiedene Gurtspannungen in Abbildung 6.31 dargestellt sind.

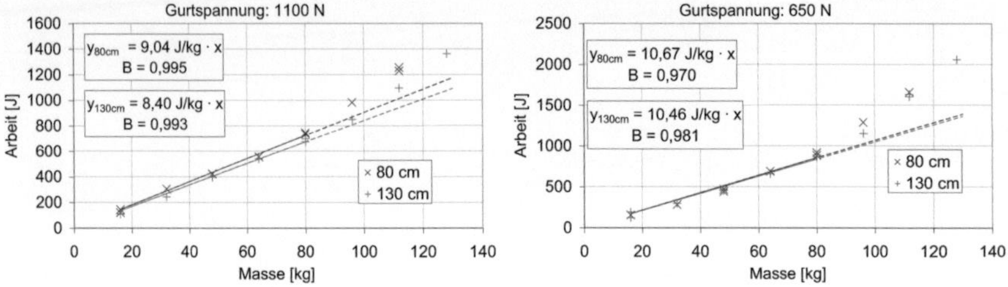

Abbildung 6.31: Verrichtete Arbeit in Abhängigkeit von der geförderten Masse für verschiedene Förderweglängen und Gurtspannungen bei der Förderung von Sand mit Gurt 2 und einer Gurtgeschwindigkeit von 3 m/s

Lediglich bis ca. 80 kg liegt ein annähernd linearer Messwertverlauf vor, darüber ist ein deutlicher Einfluss der Gurtspannung erkennbar. Für die Regressionsfunktionen in Abbildung 6.31 wurden jeweils nur Massewerte bis 80 kg verwendet. Darüber hinaus wurden die Regressionsgeraden lediglich verlängert, um die Abweichungen der höheren Massewerte von den Geraden zu verdeutlichen. Bei höherer Gurtspannung sind kleinere Regressionskoeffizienten und eine verstärkte Abhängigkeit der Arbeit von der Länge des Transportweges erkennbar.

Weiterhin ist bei Gurt 2 mit niedrigerer Gurtspannung ein steigender Energiebedarf bei kürzer werdender Förderstrecke festzustellenden. Eine mögliche Erklärung hierfür ist, dass zwei gegenläufig wirkende Effekte auf die Abhängigkeit der erforderlichen Arbeit von der Transportweglänge wirken. Zum Einen tritt eine Zunahme der Reibungswiderstände und damit des Energiebedarfs mit der Länge des Transportweges aufgrund des Andrückens des Fördergurtes auf die seitlichen Führungsschienen auf. Zum

Anderen führt das Herabfallen des Fördergutes auf das Messförderband zum Eindrücken des Fördergurtes, was v.a. bei Gurt 2 aufgrund der fehlender Querstege zu beobachten ist. Wie stark der Gurt eingedrückt wird, hängt dabei nicht nur von der Masse des Förderguts ab, sondern auch von der Stelle des Auftreffens auf das Messförderband. Trifft das Fördergut in der Nähe der Umlenktrommel auf den Gurt, wird dieser weniger stark eingedrückt, als wenn das Fördergut mittig zwischen den Trommeln auf den Gurt trifft. Dieser zweite Effekt tritt bei Gurt 2 deutlich stärker hervor, weil Gurt 1 aufgrund der aufgebrachten Querstege eine größere Steifigkeit quer zur Transportrichtung aufweist. Je stärker das Eindrücken des Fördergurtes ist, je stärker nimmt die Reibung an den seitlichen Führungsschienen sowie die Reibung innerhalb des Fördergutes und -gurtes zu [66]. Gurt 2 wird bei hohen Massen so stark eingedrückt, dass sich Unter- und Oberseite des Fördergurtes berühren können. Dieser Effekt ist bei den Versuchen deutlich zu beobachten und führt zur Nichtlinearität der Kennlinie bei Überschreitung von 80 kg. Zum Vergleich der Ergebnisse sind die Regressionskoeffizienten in Tabelle 6.5 zusammengefasst.

Tabelle 6.5: Regressionskoeffizienten in Abhängigkeit von der Transportweglänge für verschiedene Fördergüter, Fördergurte und Gurtgeschwindigkeiten

Fördergurt	Gurt 1					Gurt 2	
Fördergut	Gras	Sand				Sand	
Gurtgeschwindigkeit	4 m/s	4 m/s	4 m/s	2 m/s	2 m/s	3 m/s	3 m/s
Gurtspannung	870 N	870 N	870 N	870 N	870 N	650 N	1100 N
Förderweglänge [cm]	Arbeit [J/kg]	Arbeit [J/kg]	Arbeit [J/kg]	Arbeit [J/kg]	Arbeit [J/kg]	Arbeit [J/kg]	Arbeit [J/kg]
80	20,26	21,47		8,05	7,56	10,67	9,04
100			23,96	8,63	8,59		
120	24,99	22,94	24,84	8,96	9,59		
130						10,46	8,40

Bei der Verwendung von Gras als Fördergut ergibt sich entsprechend Tabelle 6.5 bei einer Verkürzung des Förderweges von 120 auf 80 cm eine Reduzierung des Regressionskoeffizienten von 24,99 auf 20,26 J/kg. Dieser Rückgang um ca. 4,75 J/kg ist deutlich größer als bei der Verwendung von Sand, bei dem sich unter gleichen Bedingungen nur eine Reduzierung um ca. 1,5 J/kg ergibt. In einer zweiten Versuchsreihe mit 100 und 120 cm Förderweglänge ergibt sich eine Differenz von etwa 0,9 J/kg, die den

Unterschied zwischen Sand und Gras bestätigt. Mögliche Ursachen für dieses Verhalten sind Reibungsverluste sowie die Geschwindigkeit, die das Fördergut bis zum Abwurf vom Messförderer erreicht. Gras legt sich bei gleicher Masse deutlich breiter auf den Fördergurt, so dass Reibungsverluste zwischen Fördergut und den seitlichen Teilen des Rahmens auftreten können, was bei Sand in diesem Maße nicht der Fall ist. Diese Reibungsverluste nehmen dann mit der Länge der Transportstrecke zu. Sand liegt im Gegensatz zu Gras deutlich enger am Gurt an, was eine Beschleunigung des Förderguts auf die Gurtgeschwindigkeit auf einer kürzeren Strecke ermöglicht. Bei Gras dagegen liegt nur ein kleinerer Teil des Materials direkt auf dem Fördergurt auf und die Verbindung zwischen den einzelnen Teilen des Haufwerks ist elastischer. Dadurch entsteht ein größerer Schlupf zwischen Fördergurt und –gut in der Beschleunigungsphase. Bei sehr kurzen Transportstrecken ist es dann möglich, dass das Gras bis zum Abwurf eine geringere Endgeschwindigkeit erreicht als Sand. Eine genaue Bestimmung der Endgeschwindigkeiten des Fördergutes konnte jedoch nicht mit der erforderlichen Genauigkeit realisiert werden, wie in Abschnitt 5.2.1.2 anhand der Vorversuche mit einem Radargeschwindigkeitssensor dargelegt wurde.

Für Sand erfolgten zusätzlich Vergleichsmessungen bei einer Gurtgeschwindigkeit von 2 m/s. Bei zwei Versuchsreihen ergeben sich bei einer Reduzierung der Transportstrecke von 120 auf 80 cm Rückgänge der erforderlichen spezifischen Arbeit von 0,9 bzw. 2,0 J/kg. Diese Werte liegen in der gleichen Größenordnung wie bei 4 m/s. Damit scheint die Gurtgeschwindigkeit die Auswirkungen der Transportweglänge nicht wesentlich zu beeinflussen. Bei Gurt 2 ergibt sich bei niedriger Gurtspannung keine Abhängigkeit der erforderlichen Antriebsleistung von der Länge des Transportweges. Eine hohe Gurtspannung bedingt bei einer Verringerung der Transportweglänge von 130 auf 80 cm jedoch eine Zunahme der erforderlichen Antriebsleistung um ca. 8 %.

Für die Anwendung zur Massestrommessung bleibt festzuhalten, dass Gurt 1 geeigneter ist als Gurt 2. Gründe sind die linearen Kennlinien und die Unabhängigkeit von der veränderbaren Gurtspannung. Aufgrund der separaten Untersuchung der Gurtspannung bei Gurt 1 kann dieser Effekt als Einflussgröße vernachlässigt werden. Da der Transportweg, v.a. bei Gras, einen erheblichen Einfluss auf die erforderliche Arbeit besitzt, sollte er in der Ertragsmesseinrichtung möglichst konstant sein. Bei verschiedenen Schwadversetzern wird das Fördergut jedoch über die gesamte Länge des Gurtförderers aufgegeben. Wenn die mittlere Transportstrecke des Ernteguts variiert, kann dies die Messgenauigkeit herabsetzen. Ebenfalls vermieden werden sollte eine insgesamt zu kurze Förderstrecke. Dies ist gegeben, wenn das Fördergut nicht bis auf die Gurtgeschwindigkeit beschleunigt werden kann, bevor es wieder abgeworfen wird.

6.2.5 Einfluss der Fallhöhe des Förderguts

Durch die Führung des Massestromes kann neben der Länge der Förderstrecke auch die Höhe beeinflusst werden, aus der das Fördergut auf den Messförderer fällt. Der Einfluss dieser Größe wird jeweils anhand zweier verschiedener Fallhöhen betrachtet. Dies sind bei Gurt 1 45 und 65 cm. Bei Gurt 2 ist der Unterschied mit 37 und 62 cm Fallhöhe größer, da sich hier nur ein sehr geringe Abhängigkeit zeigen sollte. Weiterhin werden bei Gurt 1 sowohl Gras als auch Sand als Fördergut verwendet. Die Gurtspannung beträgt jeweils 870 N und die Gurtgeschwindigkeit 2 bzw. 4 m/s. Bei Gurt 2 werden die Versuche bei einer Gurtgeschwindigkeit von 3 m/s und Gurtspannungen von 655 und 1100 N durchgeführt.

Bei Verwendung von Gurt 1 und Gras kann keine Abhängigkeit des Regressionskoeffizienten von der Fallhöhe des Förderguts festgestellt werden (Abbildung 6.32 links).

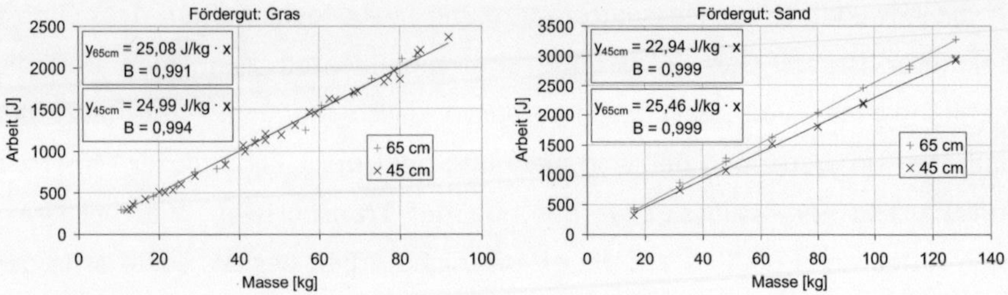

Abbildung 6.32: Verrichtete Arbeit in Abhängigkeit von der geförderten Masse für verschiedene Abwurfhöhen und Fördergüter bei Einsatz von Gurt 1 und einer Gurtgeschwindigkeit von 4 m/s

Wird unter gleichen Bedingungen Sand als Fördergut genutzt, ergeben sich bei verschiedenen Fallhöhen unterschiedliche Messergebnisse (Abbildung 6.32 rechts). Eine größere Abwurfhöhe führt zu einem höheren Leistungsbedarf. Der Anstieg der Antriebsleistung bei Steigerung der Abwurfhöhe von 45 auf 65 cm beträgt 11 %. In ähnlicher Größenordnung, etwa 9 %, ist dies auch bei einer Gurtgeschwindigkeit von 2 m/s zu beobachten (Abbildung 6.33)

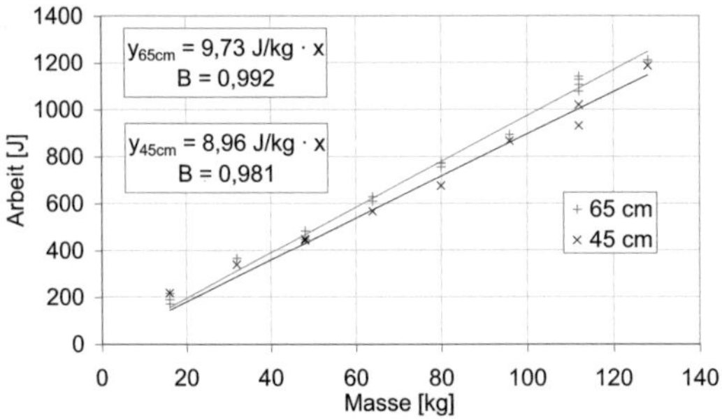

Abbildung 6.33: Verrichtete Arbeit in Abhängigkeit von der geförderten Masse für verschiedene Abwurfhöhen des Sandes bei Einsatz von Gurt 1 und einer Gurtgeschwindigkeit von 2 m/s

Bei Verwendung von Gurt 2 und Sand kann nur ein geringer Einfluss der Fallhöhe des Förderguts festgestellt werden. Da auch zwischen den einzelnen Gurtspannungen nur geringe Unterschiede auftreten, sind hier nur die Ergebnisse für die Gurtspannungen 655 und 1100 N abgebildet (Abbildung 6.34).

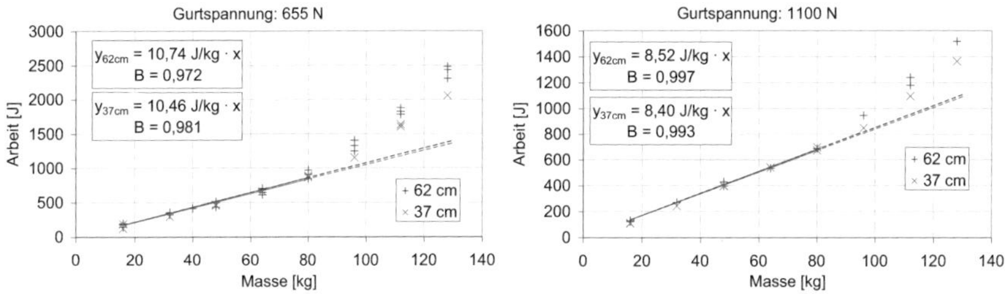

Abbildung 6.34: Verrichtete Arbeit in Abhängigkeit von der geförderten Masse für verschiedene Abwurfhöhen des Sandes bei Nutzung des Gurtes 2 mit einer Gurtgeschwindigkeit von 2 m/s

Der Unterschied der Regressionskoeffizienten zwischen beiden Fallhöhen beträgt je nach Gurtspannung zwischen 1,4 und 2,7 %. Zur Verdeutlichung der Unterschiede zwischen den einzelnen Versuchsreihen sind die Ergebnisse in Tabellen zusammengestellt (Tabelle 6.6 und Tabelle 6.7)

Tabelle 6.6: Regressionskoeffizienten in Abhängigkeit von der Abwurfhöhe des Fördergutes bei Nutzung von Gurt 1

Fördergut	Gras	Sand	
Gurtgeschwindigkeit	4 m/s	4 m/s	2 m/s
Abwurfhöhe [cm]	Arbeit [J/kg]	Arbeit [J/kg]	Arbeit [J/kg]
45	24,99	22,94	8,96
65	25,08	25,46	9,73

Tabelle 6.7: Regressionskoeffizienten in Abhängigkeit von der Abwurfhöhe des Fördergutes bei Nutzung von Gurt 2

Fördergut	Sand		
Gurtgeschwindigkeit	3 m/s	3 m/s	3 m/s
Gurtspannung	650 N	870 N	1100 N
Abwurfhöhe [cm]	Arbeit [J/kg]	Arbeit [J/kg]	Arbeit [J/kg]
37	10,46	9,43	8,40
62	10,74	9,64	8,52

An den Regressionskoeffizienten in Tabelle 6.6 ist zu erkennen, dass die Materialabhängigkeit des Messverfahrens durch die Fallhöhe des Förderguts beeinflusst werden kann. So sind die Regressionskoeffizienten bei einer

Fallhöhe von 65 cm für Sand und Gras bei Gurt 1 etwa gleich, wohingegen bei einer Fallhöhe von 45 cm die benötigte Leistung für Sand um 12 % geringer ist. Im Vergleich der beiden Gurtgeschwindigkeiten ist eine etwa gleiche prozentuale Erhöhung des Leistungsbedarfs bei zunehmender Fallhöhe festzustellen. Bei Gurt 2 in Tabelle 6.7 zeigt sich eine geringere Abhängigkeit der Antriebsleistung von der Fallhöhe, wobei wiederum nur die Messwerte bis 80 kg berücksichtigt werden können, wenn nur der lineare Anteil der Kennlinie genutzt werden soll.

Für den Aufbau der Ertragsmesseinrichtung ist es wichtig, bei einer Abhängigkeit des Messergebnisses von der Fallhöhe des Fördergutes, eine möglichst konstante Fallhöhe zu gewährleisten. Bei Nutzung von Gurt 1 und Gras ist jedoch kein Einfluss der Fallhöhe erkennbar. Eine Verwendung des Gurtes 2, der auch bei der Verwendung von Sand keine Abhängigkeit der Regressionskoeffizienten von der Fallhöhe erkennen ließ, erscheint aufgrund der nichtlinearen Kennlinie oberhalb von 80 kg nicht zweckmäßig. Aus diesem Grund und weil bei Gras auch bei Gurt 1 keine Abhängigkeit der Antriebsleistung von der Fallhöhe festgestellt werden konnte, ist dieser Gurt für die Feldversuche vorzuziehen.

6.2.6 Einfluss der Gurtspannung

Der Einfluss der Gurtspannung wurde bereits im Leerlauf in Abschnitt 6.1.6 untersucht. Die Auswirkungen der Änderung der Gurtspannung bei Materialfluss werden bei verschiedenen Gurtgeschwindigkeiten und Fördergurten betrachtet. Als Fördergut wurde jeweils Sand verwendet. Bei der Gurtgeschwindigkeit 2 m/s zeigt sich bei Gurt 1 keine nennenswerte Abhängigkeit des Regressionskoeffizienten von der Gurtspannung (Abbildung 6.35).

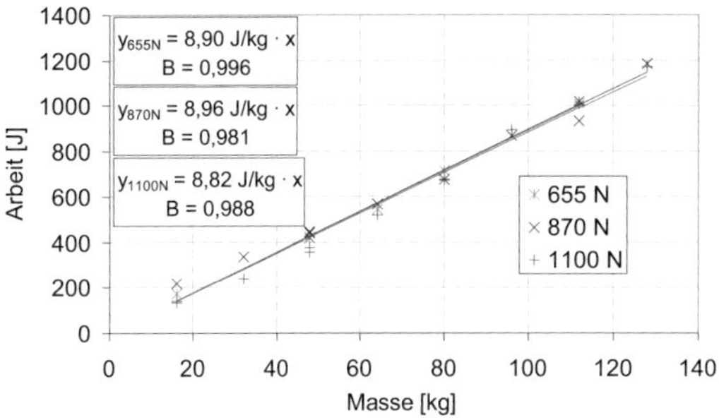

Abbildung 6.35. Verrichtete Arbeit in Abhängigkeit von der geförderten Masse für verschiedene Gurtspannungen bei Nutzung des Gurtes 1 und Sand bei einer Gurtgeschwindigkeit von 2 m/s

Eine Erhöhung der Gurtgeschwindigkeit auf 4 m/s ändert dies nur geringfügig. Bei der mittleren und hohen Gurtspannung ergeben sich nahezu gleiche Ergebnisse (Abbildung 6.36).

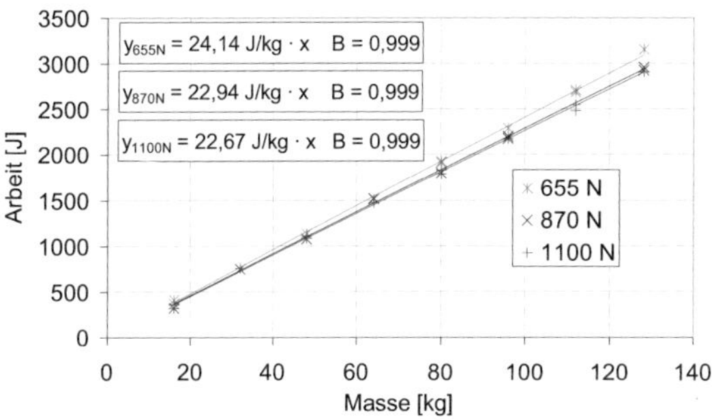

Abbildung 6.36: Verrichtete Arbeit in Abhängigkeit von der geförderten Masse für verschiedene Gurtspannungen bei Nutzung des Gurtes 1 und Sand bei einer Gurtgeschwindigkeit von 4 m/s

Lediglich bei der niedrigsten Gurtspannung nimmt der Regressionskoeffizient etwas zu. Da die potentielle und kinetische Energie, die dem Fördergut zugeführt wird, konstant ist, steigen die Reibungsverluste, die u.a. an den seitlichen Gleitschienen entstehen. Im Bereich der mittleren bis hohen Gurtspannung ist dieser Effekt kaum mehr von Bedeutung. Mit Gurt 2 werden zur Reduzierung des Versuchsaufwandes im Gegensatz zu Gurt 1 nicht die Gurtgeschwindigkeiten 2 und 4 m/s, sondern lediglich der mittlere Wert 3 m/s genutzt. Dabei zeigt sich eine recht deutliche Abhängigkeit des Regressionskoeffizienten von der Gurtspannung (Abbildung 6.37).

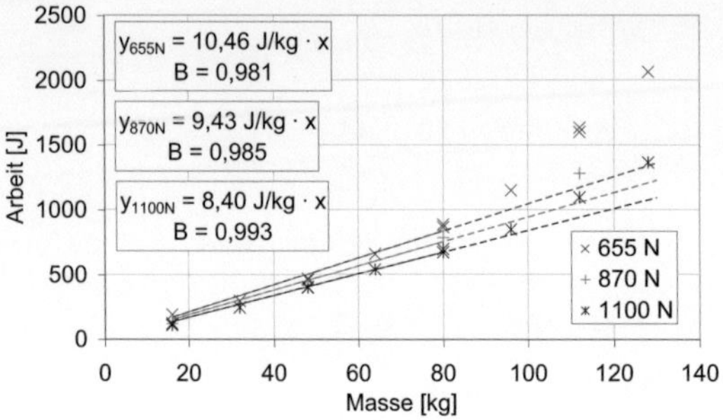

Abbildung 6.37: Verrichtete Arbeit in Abhängigkeit von der geförderten Masse für verschiedene Gurtspannungen bei Nutzung des Gurtes 2 und Sand bei einer Gurtgeschwindigkeit von 3 m/s

Für die Bildung der Regressionsfunktionen wurden nur Messwerte mit Massen bis 80 kg berücksichtigt. Mit steigender Gurtspannung nimmt die erforderliche Arbeit ab, weil sich die Verlustleistung aufgrund der Reduzierung der Reibungsverluste verringert. Zum Vergleich der in den einzelnen Diagrammen dargestellten Ergebnisse sind alle Regressionskoeffizienten in Tabelle 6.8 zusammengestellt.

Tabelle 6.8: Regressionskoeffizienten in Abhängigkeit von der Gurtspannung für verschiedene Fördergurte

Fördergurt	Gurt 1		Gurt 2
Gurtgeschwindigkeit	2 m/s	4 m/s	3 m/s
Gurtspannung [N]	Arbeit [J/kg]	Arbeit [J/kg]	Arbeit [J/kg]
655	8,90	24,14	10,46
870	8,96	22,94	9,43
1100	8,82	22,67	8,40

Bei Verwendung des Gurtes 1 und einer Gurtgeschwindigkeit von 2 m/s erreicht die größte Abweichung zwischen den Regressionskoeffizienten nur 1,6 %. Ähnlich verhält sich der gleiche Gurt bei einer Gurtgeschwindigkeit von 4 m/s. Der Unterschied der spezifischen Arbeit beträgt zwischen der mittleren und der hohen Gurtspannung lediglich 1,2 %. Bei diesen Werten kann der Einfluss der Gurtspannung vernachlässigt werden. Bei Absenkung der Gurtspannung von 870 auf 655 N steigt der Regressionskoeffizient jedoch um 5,2 % aufgrund der zunehmenden Reibungsverluste bei zu stark durchhängendem Gurt. Der Gurt 2 zeigt andere Ergebnisse. Die Erhöhung der Gurtspannung von 655 auf 870 bzw. 1100 N führt pro Schritt zu einer Abnahme des Kalibrierfaktors um etwa 1 J/kg oder 10 bis 12 %. Diese Abhängigkeit von der Gurtspannung kann nicht vernachlässigt werden, da dies die mögliche Genauigkeit des Messergebnisses wesentlich herabsetzt. Vor dem Hintergrund der möglichen Beeinflussung der Gurtspannung durch den Anwender, erscheint die Nutzung eines Gurtes, bei dem sich eine Abhängigkeit der benötigten Antriebsleistung von der Gurtspannung zeigt, als nachteilig. Auf Basis der gewonnenen Messergebnisse erscheint daher im Vergleich der untersuchten Gurte die Nutzung von Gurt 1 als günstigere Variante. Die Gurtspannung sollte 870 N nicht unterschreiten, wodurch eine Beeinflussung der Messgenauigkeit durch die Gurtspannung vermieden wird.

6.2.7 Gurtgeschwindigkeitskorrektur

In den Untersuchungen in Abschnitt 6.2.2 wurde ein Einfluss der Gurtgeschwindigkeit auf die erforderliche Antriebsleistung des Gurtförderers festgestellt. Weiterhin zeigten Vorversuche zum Einsatz des Gurtförderers am Mähwerk, dass aufgrund der begrenzten Einstellmöglichkeiten am Mähwerk die Gurtgeschwindigkeit v_G bei einem Sollwert von $v_0 = 4 m/s$ um bis zu $\Delta v = \pm 0{,}2 m/s$ bzw. 5 % vom Sollwert abweichen kann. Um daraus resultierende Fehler bei der Massestrombestimmung zu vermeiden, ist eine Korrektur der Messwerte anhand der tatsächlichen Gurtgeschwindigkeit erforderlich.

Es folgt die Bestimmung der Regressionskoeffizienten, aus denen sich der Einfluss der Gurtgeschwindigkeit in Form einer Korrekturfunktion für die gemessene Arbeit W_{Mess} berechnen lässt. An den einzelnen Werten in

Abbildung 6.38 ist erkennbar, dass eine höhere Gurtgeschwindigkeit auch einen höheren Energiebedarf zur Folge hat.

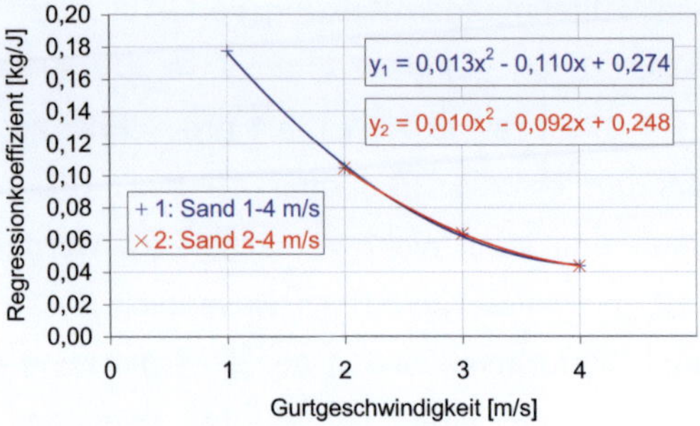

Abbildung 6.38: Regressionskoeffizienten in Abhängigkeit von der Gurtgeschwindigkeit für Sand

Neben den Messwerten sind in Abbildung 6.38 zwei quadratische Regressionsfunktionen dargestellt. Eine berücksichtigt alle Gurtgeschwindigkeitswerte von 1 bis 4 m/s, die Zweite nur von 2 bis 4 m/s. Das quadratische Modell zur Beschreibung der quantitativen Abhängigkeit der Regressionskoeffizienten von der Gurtgeschwindigkeit wurde gewählt, weil es auch den theoretischen Zusammenhang zwischen der kinetischen Energie E_{kin}, die dem Fördergut zugeführt wird, und der Gurtgeschwindigkeit widerspiegelt:

$$E_{kin} = \frac{m}{2} v_G^{\ 2} \quad . \tag{6.3}$$

Da für Gras als Fördergut nur zwei Geschwindigkeitswerte untersucht wurden, werden vorrangig die Messwerte für Sand genutzt. Es zeigt sich dafür eine hinreichende Vergleichbarkeit der Messwerte. Dies gilt v.a. für die relative Änderung des Ergebnisses, auch wenn die Absolutwerte bei Gras geringfügig höher ausfallen (Kapitel 6.2.2). Für die Kompensation der Abhängigkeit von der Gurtgeschwindigkeit ist der Anstieg, d.h. die 1.

Ableitung des Regressionsmodells nach der Zeit, für den bei den Feldversuchen genutzten Wert $v = 4m/s$ notwendig.

Um eine möglichst große Toleranz gegenüber Messfehlern und eine möglichst einfache Form zu erreichen, ist eine lineare Korrekturfunktion zweckmäßiger. Aufgrund der geringen Schwankungen der Gurtgeschwindigkeit um den Sollwert bietet sich daher ein für den Arbeitspunkt linearisiertes Modell der quadratischen Funktion an. Die aus den verschiedenen Ansätzen resultierenden Korrekturfunktionen sind in Tabelle 6.9 aufgelistet.

Tabelle 6.9: Korrekturfunktionen für die Gurtgeschwindigkeit

Regressionsmodell	Fördergut	Gurtgeschwindigkeiten	Anstieg bei 4 m/s [(kg/J) / (m/s)]	prozentuale Messwertänderung bezogen auf eine Gurtgeschwindigkeitsänerung um 1 m/s [%]
$y = 0{,}010x^2 - 0{,}092x + 0{,}248$	Sand	2 - 4 m/s	-0,0097	22,25
$y = 0{,}013x^2 - 0{,}110x + 0{,}274$	Sand	1 - 4 m/s	-0,0040	9,18
$y = -0{,}027x + 0{,}149$	Gras	2 - 4 m/s	-0,0272	62,41
$y = -0{,}030x + 0{,}165$	Sand	2 - 4 m/s	-0,0303	69,60
$y = -0{,}020x + 0{,}124$	Sand	3 - 4 m/s	-0,0200	45,93

Die in Tabelle 6.9 aufgeführten Werte zeigen, dass die Wahl des Modells für den Einfluss der Gurtgeschwindigkeit eine entscheidende Rolle bei der Ermittlung der Korrekturfunktion spielt. Die beiden quadratischen Modelle in Abbildung 6.38 unterscheiden sich zwar kaum in ihrem Verlauf, die Anstiege bei $v = 4m/s$ sind jedoch sehr verschieden.

Eine weitere Möglichkeiten zur Ermittlung von Korrekturfunktionen sind schrittweise lineare Interpolationen zwischen den Gurtgeschwindigkeitswerten (Abbildung 6.39).

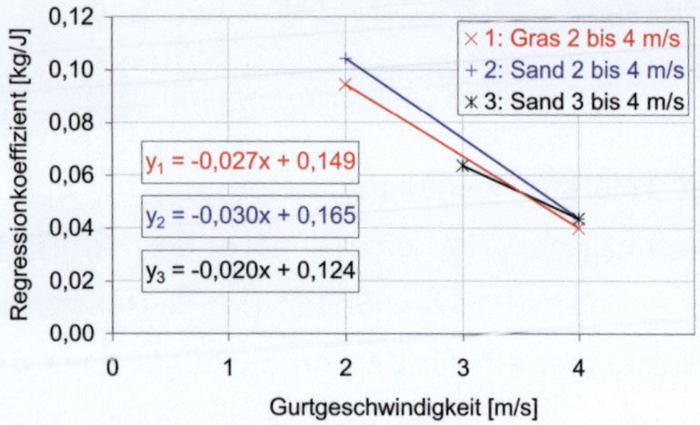

Abbildung 6.39: Regressionskoeffizienten in Abhängigkeit von der Gurtgeschwindigkeit für Sand und Gras mit linearer Interpolation

Die Auswirkungen auf die Korrekturfunktion bei schrittweiser linearer Interpolation sind bereits in Tabelle 6.9 dargestellt und weichen sehr stark von den quadratischen Modellen ab. Da die Kurve in Abbildung 6.38 mit steigender Gurtgeschwindigkeit flacher verläuft, erscheint eine anhand der Messwerte erstellte schrittweise lineare Interpolation unzweckmäßig. Dagegen spricht auch, dass nur für Werte die kleiner bzw. gleich dem Sollwert $v = 4m/s$ Messungen durchgeführt werden konnten und damit das Verhalten für Geschwindigkeiten größer als 4 m/s nur extrapoliert werden kann. Aus diesem Grund wird für das weitere Vorgehen eine quadratische Regression genutzt. Von den beiden erstellten Modellen wird jenes Modell gewählt, dass auf den Gurtgeschwindigkeitswerten von 2 bis 4 m/s beruht. Grund für das Weglassen des Wertes bei 1 m/s ist, dass der Gültigkeitsbereich für die gesuchte Korrekturfunktion nur sehr schmal ist (4 ± 0,2 m/s) und die Stützstellen für die Approximation möglichst nah an diesem Bereich liegen sollten. Von Vorteil wäre es auch Messwerte von über 4 m/s nutzen zu können. Dies ist aufgrund des begrenzten Drehzahlbereiches des Hydraulikmotors jedoch nicht möglich.

Für das letztgenannte quadratische Regressionsmodell wird der Anstieg an der Stelle $v = v_0 = 4m/s$ gebildet. Dabei ergibt sich, bezogen auf den Messwert v_0, bei einer Geschwindigkeitsänderung um 1 m/s eine Veränderung des

Messwertes um 22,26 %. Dieser Wert wird auf 22 % gerundet, da die erzielbare Genauigkeit bei der Ermittlung des Gurtgeschwindigkeitseinflusses eine größere Auflösung nicht sinnvoll erscheinen lässt.

Aus diesen Angaben ist eine Korrekturfunktion zu bilden, die idealerweise nur aus einem Korrekturfaktor K_v besteht und aus der gemessenen Arbeit W_{Mess}, der Gurtgeschwindigkeit v_G und dem Sollwert v_0 den Arbeitswert W_{Norm} berechnet. Dieser Wert würde dann den Bedingungen, unter denen die Kalibrierung erfolgte, entsprechen. Aufgrund des linearen Zusammenhangs zwischen benötigter Arbeit W_{Norm} und geförderter Masse m ist auch die Anwendung der Korrekturfunktion nach der Masseberechnung möglich. Die Korrekturfunktion ist definiert als:

$$k_{Mess} = k_{Norm} \cdot (1 + K_v \cdot (v_G - v_0)) \tag{6.4}$$

Für die Masseberechnung gilt dann:

$$m = W_{Norm} \cdot k_{Norm} = W_{Mess} \cdot k_{Mess} = W_{Mess} \cdot k_{Norm} \cdot (1 + K_v \cdot (v_G - v_0)) \tag{6.5}$$

Daraus folgt:

$$W_{Norm} = W_{Mess} \cdot (1 + K_v \cdot (v_G - v_0)) \tag{6.6}$$

Dabei beträgt der Korrekturfaktor entsprechend den Untersuchungen:

$$K_v = -0{,}22 \frac{s}{m} = -22 \frac{\% \cdot s}{m} \tag{6.7}$$

$$K_v = \frac{\frac{W_{Norm}}{W_{Mess}} - 1}{v_G - v_0} \tag{6.8}$$

Abweichungen des Korrekturfaktors K_v von der tatsächlichen Geschwindigkeitsabhängigkeit ergeben Fehler. Bei einer maximalen absoluten Abweichung der Gurtgeschwindigkeit um 0,2 m/s gegenüber dem Sollwert von 4 m/s führt ein Fehler von einem Prozentpunkt beim Korrekturfaktor K_v zu einer Messwertverfälschung von 0,2 %.

6.2.8 Neigungswinkelkorrektur

Der Einfluss der Neigung des Fördergurtes entlang der Förderstrecke um den Winkel α wurde in Abschnitt 6.2.3 beschrieben. Die festgestellten Kalibrierfaktoren zur Berechnung der geförderten Masse m auf Basis der gemessenen Arbeit W_{Mess} sind in Abbildung 6.40 in Abhängigkeit vom Neigungswinkel in einem Diagramm dargestellt.

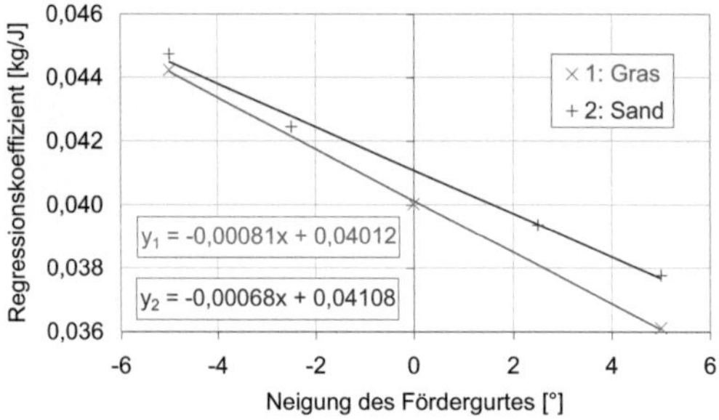

Abbildung 6.40: Regressionskoeffizienten in Abhängigkeit von der Neigung des Fördergurtes für Sand und Gras

Erkennbar sind, wie dies für die potentielle Energie entsprechend der Gl. (4.2) zu erwarten ist, lineare Verläufe zwischen den Messwerten. Es zeigt sich jedoch eine Materialabhängigkeit, die an den unterschiedlichen Regressionskoeffizienten deutlich wird. Für die Korrektur der Messwerte ist ein vom Neigungswinkel α abhängiges Modell zu bilden. Dafür wird die prozentuale Veränderung des Messwertes bei Änderung des Neigungswinkels um 1 °, bezogen auf den Messwert bei waagerechter Ausrichtung des Fördergurtes, ermittelt und in Tabelle 6.10 angegeben.

Tabelle 6.10: Korrekturfunktionen für den Neigungswinkel des Fördergurtes

Material	Gras	Sand
Anstieg der Regressionsgerade [(kg/J) / °]	-0,000811	-0,000682
Bezugswert bei 0° [kg / J]	0,040016	0,040841
Prozentuale Messwertänderung [%] bei Änderung der Neigung um 1 ° bezogen auf den Messwert bei 0 °	-2,03	-1,67

Dieser Wert beträgt -2,03 % für das in den Feldversuchen genutzte Fördergut Gras. Bei einem Anstieg entlang des Transportweges reduziert sich damit der Kalibrierfaktor k für die Umrechnung von gemessener Arbeit W_{Mess} in geförderte Masse m. Da dieses Ergebnis nur auf drei Messreihen basiert, erfolgt eine Rundung des Wertes auf –2,0 % pro 1 ° Neigung des Fördergurtes.

Ziel der Korrekturfunktion ist es, den gemessenen Arbeitswert W_{Mess} vor der Umrechnung in geförderte Masse m anzupassen. In einer Gleichung ausgedrückt ergibt sich damit für den Kalibrierfaktor:

$$k_{Mess} = k_{Norm} \cdot (1 + K_\alpha \cdot \alpha) \tag{6.9}$$

Für die Masseberechnung gilt dann:

$$m = W_{Mess} \cdot k_{Mess} = W_{Norm} \cdot k_{Norm} = W_{Mess} \cdot k_{Norm} \cdot (1 + K_\alpha \cdot \alpha) \tag{6.10}$$

Somit ist auch eine Korrektur der gemessenen Arbeit W_{Mess} noch vor der Umrechnung in Masse m möglich:

$$W_{Norm} = W_{Mess} \cdot (1 + K_\alpha \cdot \alpha) \tag{6.11}$$

Dabei beträgt der Korrekturfaktor entsprechend den Untersuchungen:

$$K_\alpha = -0{,}02 \frac{1}{\circ} = -2{,}0 \frac{\%}{\circ} \tag{6.12}$$

$$K_\alpha = \frac{\frac{W_{Norm}}{W_{Mess}} - 1}{\alpha} \tag{6.13}$$

Abweichungen des Korrekturfaktors K_α von der tatsächlichen Neigungsabhängigkeit um einen Prozentpunkt führen bei einer maximalen Neigung von $\alpha = 5°$ gegenüber der waagerechten Ausrichtung zu einer Messwertverfälschung um 5 %.

6.2.9 Zusammenfassung – Materialfluss

Die vom Antrieb des Gurtförderers verrichtete Arbeit wird benötigt, um dem Fördergut bei der Beschleunigung auf dem Fördergurt kinetische und bei geneigter Förderstrecke auch potentielle Energie zuzuführen. In den durchgeführten Untersuchungen erreichte die zugeführte kinetische Energie lediglich Werte von max. 35 % der verrichteten Arbeit (Tabelle 6.2). Wurde am oder vom Fördergut Hubarbeit verrichtet, betrug deren Anteil maximal 56 % der Änderung der vom Antrieb verrichteten Arbeit (Tabelle 6.4).

Den verbleibenden hohen Anteil verursachten Reibungsverluste, die in den Lagern der Trommeln, zwischen dem Fördergurt und den Trommeln sowie zwischen Fördergurt und dem Rahmen des Gurtförderers und entstehen. Bei der Förderung von Material traten Reibungsverluste während der Beschleunigung des Fördergutes durch Schlupf zwischen Fördergut und Fördergurt sowie bei Kontakt zwischen Fördergut und Rahmen des Gurtförderers auf. Die Verformung des Fördergutes auf dem Fördergurt benötigt ebenfalls Energie. Durch die Walkung des Fördergutes traten äquivalent zur Walkung des Fördergurtes durch Schwingbiegung Verluste auf [66]. Die Höhe der Reibungsverluste war von vielen Einflüssen abhängig, so dass der Zusammenhang zwischen gemessener Leistung und gefördertem Massestrom gerätespezifisch ist.

Die Ergebnisse der Untersuchung einzelner Einflussgrößen sowie die Schlussfolgerungen für die Ertragsmessung sind in Tabelle 6.11 aufgelistet.

Tabelle 6.11: Ergebnisse der Prüfstandsversuche - Materialfluss

Untersuchte Größe	ermittelter Einfluss	Maßnahme
Einlaufverhalten nach Inbetriebnahme oder Änderung von Einstellungen	• Zur Massestrombestimmung muss das Leerlaufdrehmoment, welches sich nach Inbetriebnahme ändert, bekannt sein; • Bei Messungen in der 1. Minute nach Inbetriebnahme beträgt Messfehler ca. 10 %, bereits nach 10 min sinkt das Leerlaufdrehmoment nur noch langsam und erreicht nach 30 min konstanten Wert	• entsprechende Zeit zwischen Inbetriebnahme des Gurtförderers und Beginn der Messung abwarten
Einfluss der Gurtgeschwindigkeit	• Leistungsbedarf steigt mit der Gurtgeschwindigkeit stark an, so dass bei 4 m/s mehr als die doppelte Leistung im Vergleich zu 2 m/s benötigt wird; • weiterhin beeinflusst auch die Anfangsgeschwindigkeit des Fördergutes in Transportrichtung den Leistungsbedarf; • bei hoher Gurtgeschwindigkeit größerer Abstand zum Leerlaufmoment und damit größerer Messeffekt sowie geringerer prozentualer Anteil der Verlustleistung;	• Korrekturfunktion für Gurtgeschwindigkeit; • konstante Anfangsgeschwindigkeit des Fördergutes durch entsprechende Lenkung des Materialflusses;
Einfluss der Neigung	• Ist bei der Förderung Hubarbeit zu verrichten, ändert sich die benötigte Leistung um 10 %, wenn sich der Neigungswinkel im Vergleich zur Waagerechten um 5 ° ändert • Konstanthalten des Neigungswinkels auf der fahrenden Erntemaschine ist nicht möglich	• Korrekturfunktion für Neigungswinkel
Einfluss der Transportweglänge	• Einfluss der Transportweglänge ist feststellbar • Die Höhe ist abhängig vom Fördergut und -gurt sowie bei Gurt 2 auch von der Gurtspannung	• konstruktiv konstant halten
Einfluss der Fallhöhe des Fördergutes	• Einfluss der Fallhöhe des Fördergutes ist feststellbar • Die Höhe ist abhängig vom Fördergut und -gurt	• konstruktiv konstant halten
Einfluss der Gurtspannung	• Gurt 1: nahezu kein Einfluss zu erkennen, lediglich bei der niedrigsten Gurtspannung leicht erhöhter Leistungsbedarf • Gurt 2: Leistungsbedarf sinkt bei steigender Gurtspannung; zudem steigt der Leistungsbedarf mit dem Massestrom nicht linear, sondern progressiv	• konstante Einstellung der Gurtspannung
Einfluss der Art des Fördergurtes	• Gurt 1: lineare Abhängigkeit des Leistungsbedarfs vom Massestrom • Gurt 2: Der Leistungsbedarf steigt mit dem Massestrom nicht linear, sondern progressiv	• Verwendung von Gurt 1

Bei der Förderung von Material wirkten sich neben der Masse des Fördergutes v.a. die Geschwindigkeit des Fördergurtes und –gutes sowie die Neigung des Gurtes entlang der Transportrichtung aus. Die Erfassung dieser Größen ist für die Ertragsermittlung notwendig. Um ihre Auswirkungen auf die Messergebnisse kompensieren zu können, wurden Korrekturfunktionen erstellt, die bei den Feldversuchen eingesetzt werden.

Weniger bedeutsam war die Länge des Transportweges auf dem Fördergurt und die Höhe, aus der das Fördergut auf den Gurt fiel. Zwar wirkten sich diese Größen teils deutlich auf den Leistungsbedarf aus (Tabelle 6.5, Tabelle 6.6 und Tabelle 6.7), aber sie können durch den konstruktiven Aufbau der Ertragsmesseinrichtung konstant gehalten werden. Dadurch kann bei der Ertragsmessung auf ihre kontinuierliche Messung und Berücksichtigung in der Kalibrierfunktion verzichtet werden. Die Gurtspannung hatte bei Verwendung eines geeigneten Gurtes in einem weiten Einstellbereich nahezu keinen Einfluss auf den Kalibrierfaktor. So ergaben sich in Versuchen mit Gurt 1 bei Erhöhung der Gurtspannung um ca. 25 % lediglich Zunahmen des Kalibrierfaktors um 1 bis 2 % (Tabelle 6.8). Da selbst bei der Wiederholung von Versuchsreihen mit jeweils 12 bis 16 Messwerten bei gleichen Einstellungen teils größere Abweichungen der jeweiligen Kalibrierfaktoren auftraten, wird die Gurtspannung bei den Feldversuchen konstant gehalten, aber nicht in der Kalibrierfunktion berücksichtigt.

Neben diesen gezielt variierten Einflussgrößen wirkten sich noch weitere Störungen auf das Messergebnis aus. Am bedeutendsten ist, dass seitliche Verschiebungen des Fördergurtes auf den Trommeln auftraten. Dadurch ergaben sich unterschiedlich hohe Reibungsverluste durch den Kontakt zwischen Fördergurt und Rahmen. Dies wurde an den jeweiligen Leerlaufdrehmomenten erkennbar. Zur Massen- bzw. Massestrombestimmung wird das Leerlaufdrehmoment von den gemessenen Drehmomentwerten subtrahiert.

6.3 *Ergebnisse der Feldversuche*

6.3.1 Versuche mit der 1. Ertragsmesseinrichtung

Mit der Durchführung der Feldversuche wurde im Jahr 2004 begonnen. Es erfolgten mit dem ersten Aufbau Versuche an drei verschiedenen Orten. Die Kennwerte der einzelnen Versuchsreihen sind in Tabelle 6.12 aufgeführt.

Tabelle 6.12: Übersicht über die Feldversuche im Jahr 2004

Nr. der Versuchs-reihe	Versuchsort	Termin	Fläche	Schwad-längen [m]	Anzahl der Versuche	Gesamt-schwad-länge	Teilung zur Wägung [m]
1	Elbtal	15.06.04	Eben	70	4	280	5
2	Lohmener Strasse	16.06.04	Hügelig	70 bis 90	12	920	5
3	Versuchsfeld	22.10.04	Eben	25,5	9	230	2,5

Nr. der Versuchs-reihe	Versuchsort	Gesamt-masse [kg]	Dichte des Aufwuchses [kg/m²]	[dt/ha]	Fahrgeschwin-digkeit [m/s]	Gurtgeschwin-digkeit [m/s]	Massestrom [kg/s]
1	Elbtal	713,92	0,85	85	2,22	3,87	5,67
2	Lohmener Strasse	3208,37	1,16	116	0,99	4,10	3,47
3	Versuchsfeld	1140,25	1,65	165	2,79	3,90	11,07

Für die erste Versuchsreihe, die am 15.06.2004 durchgeführt wurde, stand eine Dauergrünlandfläche zur Verfügung, die zur Heugewinnung genutzt wurde. Es handelte sich um den ersten Schnitt mit hochgewachsenen und teils verholzten Gräsern. Gleiches gilt für eine am 16.06.2004 gemähte Fläche. Die am 22.10.2004 durchgeführten Versuche erfolgten auf einer Versuchsfläche, auf der eine Wiesenmischung neu angesät worden war. Die Parameter, die während der Versuchsreihen 2004 variiert wurden, sind die Fahrgeschwindigkeit (3,6 bis 10 km/h) und damit verbunden auch der Massestrom (3,47 bis 11,07 kg/s). Aufgrund der unterschiedlichen Länge der Schwade zwischen 25 und 90 m und des unterschiedlich dichten Bewuchses ergaben sich Schwadmassen zwischen etwa 100 und 300 kg, wie in den Kalibrierfunktionen in Abbildung 6.41 zu erkennen ist. Dabei bildet jeder einzelne Schwad einen Messpunkt. Auf die Angabe von Bestimmtheitsmaßen wird verzichtet, da aufgrund der wenigen und dicht beisammen liegenden Arbeitswerte in den einzelnen Versuchsreihen keine aussagekräftigen Ergebnisse entstehen.

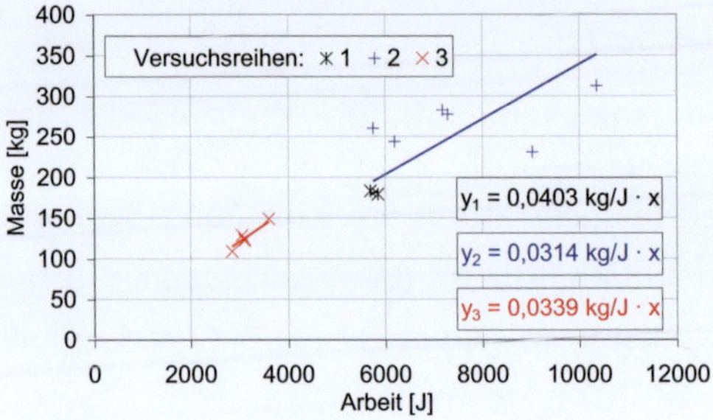

Abbildung 6.41: Geförderte Masse des Ernteguts in Abhängigkeit von der verrichteten Arbeit mit versuchsreihenspezifischer Kalibrierung

Bei den ersten Kalibrierfunktionen bleiben die in Abschnitt 6.2.7 und 6.2.8 beschriebenen Korrekturfunktionen zunächst unberücksichtigt, um im weiteren die Wirkung der Korrekturfunktionen beurteilen zu können. Es stellt sich, wie bei den Prüfstandsversuchen, jeweils eine lineare Abhängigkeit der verrichteten Arbeit von der geförderten Masse ein. Die einzelnen Versuchsreihen nehmen dabei unterschiedliche Bereiche in den Diagrammen ein. Die größten Abweichungen von den Regressionsgeraden sind bei der Versuchsreihe mit dem geringsten Massestrom festzustellen (Versuchsreihe 2, vgl. Tabelle 6.12). Im Vergleich der Kalibrierfaktoren wird deutlich, dass sich bei der Durchführung von Messungen zu unterschiedlichen Zeiten und äußeren Bedingungen verschiedene Werte ergeben können. Im betrachteten Fall liegen diese zwischen 0,0314 und 0,0403 kg/J. Eine gemeinsame Kalibrierung für alle drei Versuchsreihen ist in Abbildung 6.42 dargestellt.

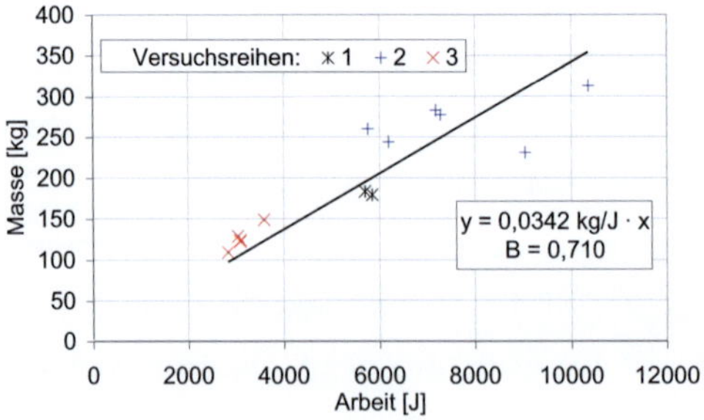

Abbildung 6.42: Geförderte Masse des Ernteguts in Abhängigkeit von der verrichteten Arbeit mit Gesamtkalibrierung

Der ermittelte gemeinsame Kalibrierfaktor von 0,0342 kg/J unterscheidet sich um bis zu 18 % von den Kalibrierfaktoren der einzelnen Versuchsreihen. Die Validierung dieses Kalibrationsmodells erfolgt mit Messdaten, die nicht in die Kalibrierung eingeflossen sind. Mit diesen werden die Abweichungen von der Regressionsgeraden ermittelt, um die erzielbare Genauigkeit beurteilen zu können (Abbildung 6.43). Die Messfehler liegen im Bereich zwischen −23,1 und +18,8 %. Innerhalb der einzelnen Messreihen sind teils deutlich engere Fehlerbereiche zu erkennen. Die absoluten Fehler reichen von −44,7 bis +52,3 kg.

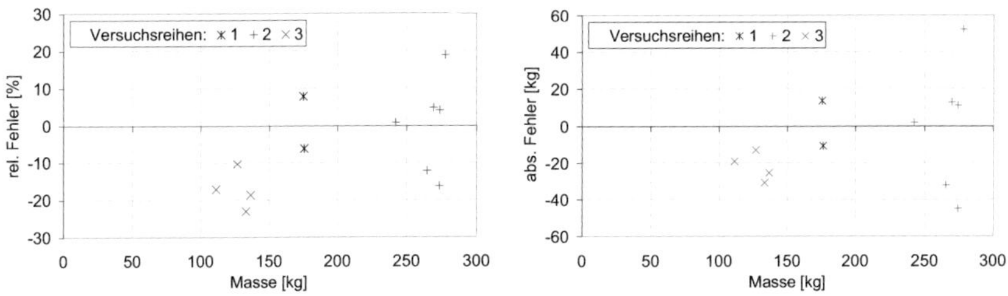

Abbildung 6.43: Relative und absolute Fehler in Abhängigkeit von der Masse des Ernteguts

Bei den Messungen wirken noch weitere Einflussgrößen auf die Arbeit des Gurtförderers. Dies sind zunächst die in den Prüfstandsversuchen betrachteten Einflüsse Gurtgeschwindigkeit und Neigungswinkel des Fördergurtes. Weiterhin könnten sich der unterschiedlich große Massestrom sowie witterungsabhängige Einflüsse, z.B. Temperatur, Feuchtigkeit der Verschmutzungen, auf die Messergebnisse auswirken.

Ohne Korrektur des Einflusses des Neigungswinkels bei den Kalibrier- und Validierdaten lassen sich an den relativen Fehlern keine stetigen Änderungen in Abhängigkeit vom Neigungswinkel erkennen (Abbildung 6.44). Gleichwohl kann eine Abhängigkeit vorliegen, die durch die große Streuung der Werte überdeckt wird.

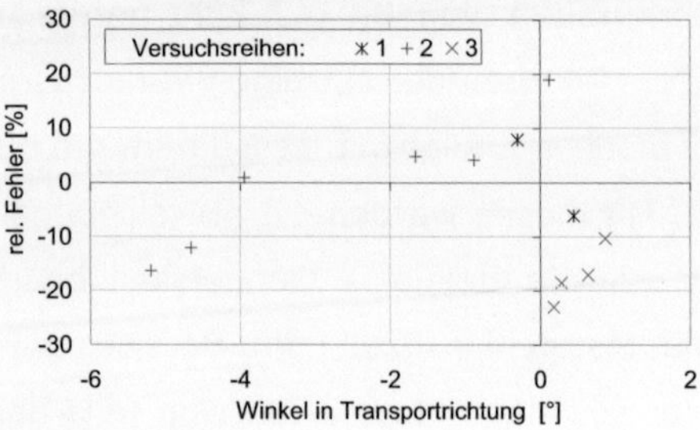

Abbildung 6.44: Relative Fehler in Abhängigkeit vom Neigungswinkel des Fördergurtes

Der Sollwert der Gurtgeschwindigkeit beträgt 4 m/s. Aufgrund der begrenzten Einstellgenauigkeit sind jedoch Abweichungen, die bis ±5 % bzw. ±0,2 m/s betragen, festzustellen (Abbildung 6.45). Bei der Darstellung der Messfehler ist keine Abhängigkeit von der Gurtgeschwindigkeit zu erkennen. Dies kann ebenfalls durch die große Streuung der Werte bedingt sein.

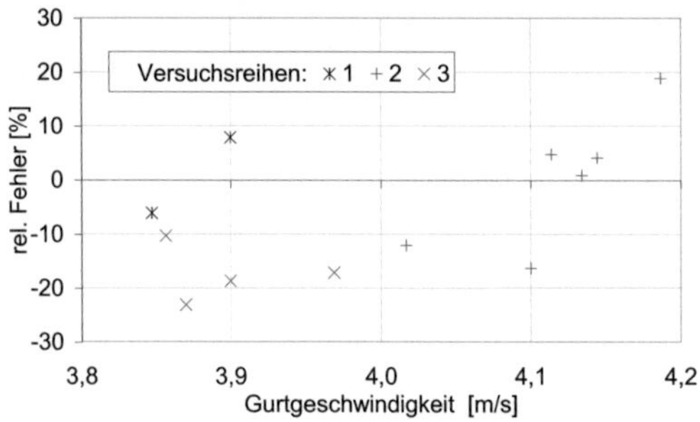

Abbildung 6.45: relative Fehler in Abhängigkeit von der Gurtgeschwindigkeit

Im Weiteren werden Kalibrierfunktionen für Messwerte erstellt, auf welche die in Abschnitt 6.2.7 und 6.2.8 beschriebenen Korrekturfunktionen angewendet werden. Dadurch ergeben sich neue Kalibrierfunktionen, die in Abbildung 6.46 dargestellt sind.

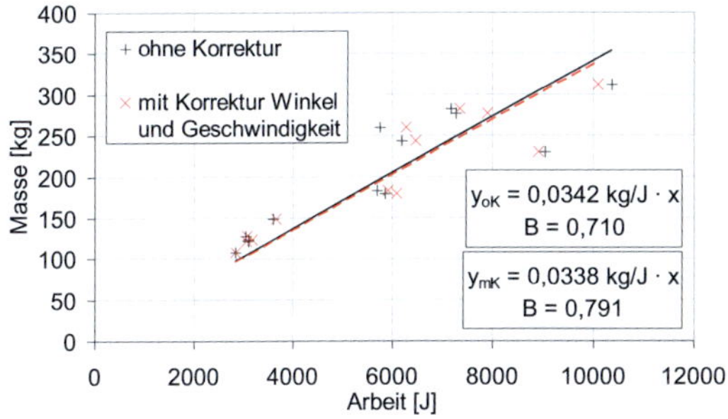

Abbildung 6.46: Geförderte Masse des Ernteguts in Abhängigkeit von der verrichteten Arbeit mit und ohne Korrektur der Neigungswinkel- und Gurtgeschwindigkeitsabhängigkeit

Bei Anwendung der Kalibrierfunktion auf ebenfalls korrigierte Werte der Validierdaten ergeben sich folgende Messfehler (Abbildung 6.47).

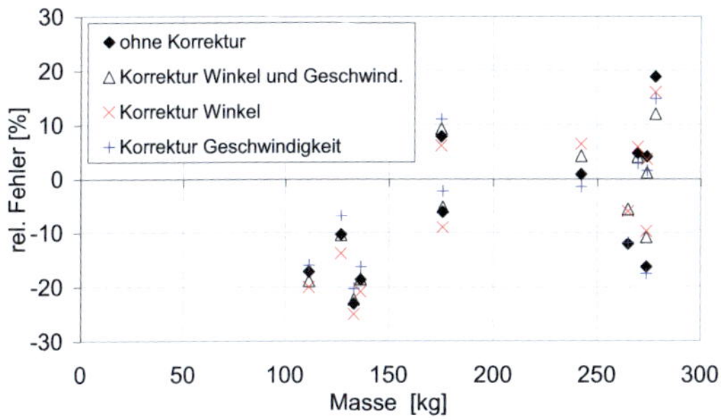

Abbildung 6.47: Relative Fehler in Abhängigkeit von der Masse des Ernteguts für verschiedene Korrekturfunktionen

Dabei zeigt sich, dass sich durch die Anwendung der Korrekturfunktionen für den Neigungswinkel und die Gurtgeschwindigkeit bei 9 von 12 Versuchsschwaden geringere Fehler ergeben. Der Mittelwert der Beträge der Fehler sinkt geringfügig von 11,7 auf 10,2 %. Aus der Darstellung der Fehlerwerte, bei Anwendung jeweils nur einer Korrekturfunktion, werden die einzelnen Anteile deutlich. In Abbildung 6.48 sind die Auswirkungen der Winkelkorrektur auf die Messfehler über verschiedene Neigungswinkel dargestellt.

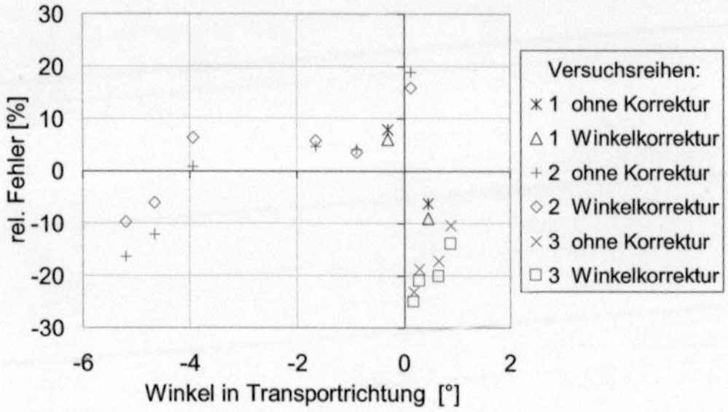

Abbildung 6.48: relative Fehler in Abhängigkeit vom Neigungswinkel des Fördergurtes mit und ohne Neigungswinkelkorrektur

Es wird deutlich, dass die Korrekturfunktion v.a. bei stärkeren Abweichungen von der waagerechten Ausrichtung des Fördergurtes zum Tragen kommt. Eine Verringerung der Messfehler stellt sich nur bei knapp der Hälfte der Werte ein.

Erfolgt nur eine Gurtgeschwindigkeitskorrektur ergeben sich die in Abbildung 6.49 dargestellten Messfehler. Die Korrektur wirkt sich v.a. bei größeren Abweichungen von der mittleren Gurtgeschwindigkeit aus, wobei in 8 von 12 Messungen eine Verringerung der Fehler eintritt.

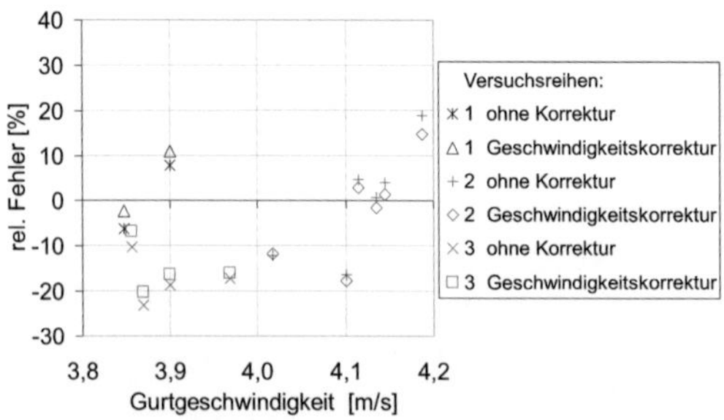

Abbildung 6.49: Relative Fehler in Abhängigkeit von der Gurtgeschwindigkeit mit und ohne Gurtgeschwindigkeitskorrektur

Abschließend wird überprüft, ob noch weitere Parameter einen Einfluss auf die Höhe der Messfehler haben. Der Massestrom, der von der Bestandsdichte und der Fahrgeschwindigkeit abhängig ist, kann sich auf die Reibungsverluste zwischen Fördergut und Maschine auswirken. Entsprechend der Tabelle in Anhang A 3 beträgt die mittlere Fahrgeschwindigkeit der drei Versuchsreihen zwischen 0,99 und 2,79 m/s und die Bestandsdichte 85 bis 165 dt/ha. Die resultierenden Masseströme erreichen damit Werte zwischen 3,2 und 14,3 kg/s (Abbildung 6.50).

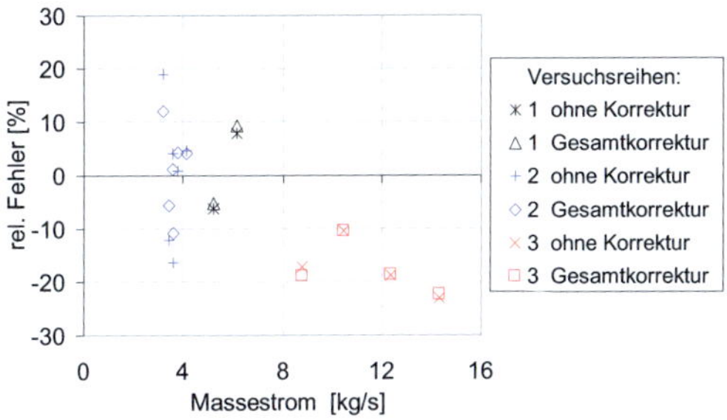

Abbildung 6.50: Relative Fehler in Abhängigkeit vom Massestrom

Versuchsreihe 2 weist den geringsten Massestrom und die breiteste Verteilung der Fehlerwerte auf. Die größten Fehler sind dagegen bei der Versuchsreihe 3, welche die größten Masseströme beinhaltet, festzustellen. Die mit der Kalibrierung errechneten Massewerte sind dabei jeweils zu gering. Daher kann festgestellt werden, dass mit zunehmenden Massestrom die Verluste pro Masseeinheit zunehmen.

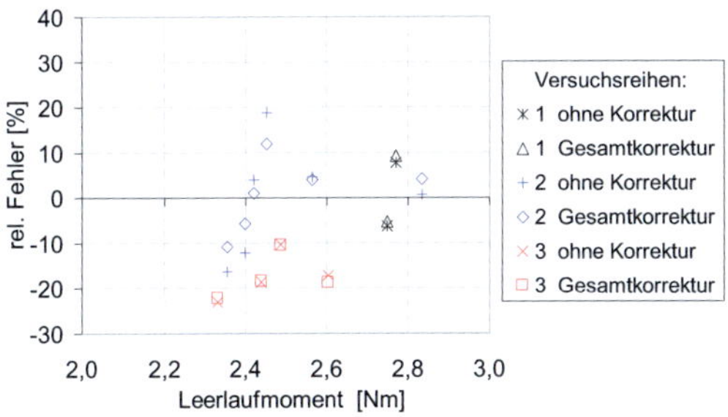

Abbildung 6.51: Relative Fehler in Abhängigkeit vom Leerlaufmoment

Das Leerlaufdrehmoment variiert nur geringfügig, so dass hier ein wesentlicher Einfluss auf die Modellbildung weder zu erwarten noch zu beobachten ist (Abbildung 6.51).

Nach Vorliegen der Ergebnisse der ersten 25 Versuche deutet sich an, dass die erreichbare Genauigkeit nur gering ist. Die Standardabweichung der relativen Messfehler betragen bei einer Gesamtkalibrierung und der Korrektur des Einflusses von Neigungswinkel und Gurtgeschwindigkeit 11,4 %. Ohne Nutzung der Korrekturfunktionen ergibt sich bei den durchgeführten Versuchen eine Standardabweichung von 12,8 %. Für die nachfolgenden Untersuchungen werden Optimierungen an der Messeinrichtung durchgeführt. Diese zielen v.a. auf eine günstigere Führung des Erntegutes in der Maschine, so dass unterschiedlich starke Reibungsverluste vermieden werden können.

6.3.2 Versuche mit der 2. Ertragsmesseinrichtung

Mit der veränderten Messeinrichtung erfolgten in den Jahren 2005 bis 2007 Messungen in sieben Versuchsreihen, deren Kennwerte in Tabelle 6.13 zusammengefasst sind.

Die Anzahl der einzeln untersuchten Schwade beträgt 116. Bei der Auswertung der Messwerte werden wiederum ganze Schwade betrachtet, die entweder für die Kalibrierung oder die Validierung genutzt werden. Es folgt die Erstellung von Kalibrierfunktionen für die:

- Einzelnen Versuchsreihen ohne Korrektur der Neigungswinkel- und Gurtgeschwindigkeitsabhängigkeit
- Gesamtheit der Versuchsreihen ohne Korrektur der Neigungswinkel- und Gurtgeschwindigkeitsabhängigkeit
- Gesamtheit der Versuchsreihen mit Korrektur der Neigungswinkelabhängigkeit

- Gesamtheit der Versuchsreihen mit Korrektur der Gurtgeschwindigkeitsabhängigkeit
- Einzelnen Versuchsreihen mit Korrektur der Neigungswinkel- und Gurtgeschwindigkeitsabhängigkeit
- Gesamtheit der Versuchsreihen mit Korrektur der Neigungswinkel- und Gurtgeschwindigkeitsabhängigkeit

Damit geht jeweils eine Darstellung der resultierenden Messfehler einher.

Tabelle 6.13: Übersicht über die Feldversuche der Jahre 2005 bis 2007

Nr. der Versuchsreihe	Versuchsort	Termin	Fläche	Schwadlängen [m]	Anzahl der Versuche	Gesamtschwadlänge	Teilung zur Wägung [m]
1	Versuchsfeld 2	17.-18.08.05	Eben	30	11	330	2
2	Elbtal	18.-22.08.05	Eben	30	19	570	2
3	Versuchsfeld 2	10.-14.11.05	Eben	50	10	500	3
4	Schönfeld	23.05.06	Hügelig	50	4	200	ca. 2,50
5	Versuchsfeld 1	02.-13.06.06	Eben	35 - 50	22	995	ca. 2,50
6	Versuchsfeld 2	19.-27.06.06	Eben	30 - 50	27	930	ca. 2,50
7	Versuchsfeld 2	02.-07.05.07	Eben	25 - 50	23	830	ca. 2,50

Nr. der Versuchsreihe	Versuchsort	Gesamtmasse [kg]	Dichte des Aufwuchses [kg/m²]	[dt/ha]	Fahrgeschwindigkeit [m/s]	Gurtgeschwindigkeit [m/s]	Massestrom [kg/s]
1	Versuchsfeld 2	758,55	0,77	77	2,72 / 3,81	4,09	7,51
2	Elbtal	977,61	0,57	57	3,11 / 3,81	4,09	5,93
3	Versuchsfeld 2	403,93	0,27	27	3,33	4,05	2,69
4	Schönfeld	354,32	0,59	59	2,78	3,97	4,93
5	Versuchsfeld 1	2286,71	0,77	77	2,78	3,96	6,39
6	Versuchsfeld 2	1557,11	0,56	56	2,78	3,92	4,65
7	Versuchsfeld 2	2254,49	0,91	91	2,78	3,96	7,55

Die erste Betrachtung erfolgt ohne Korrektur der Abhängigkeit vom Neigungswinkel des Fördergurtes und der Gurtgeschwindigkeit. Die Darstellung der Kalibrierdaten der einzelnen Versuchsreihen in Abbildung 6.52 zeigt, dass auch bei diesen Versuchen eine lineare Abhängigkeit der verrichteten Arbeit von der geförderten Masse besteht.

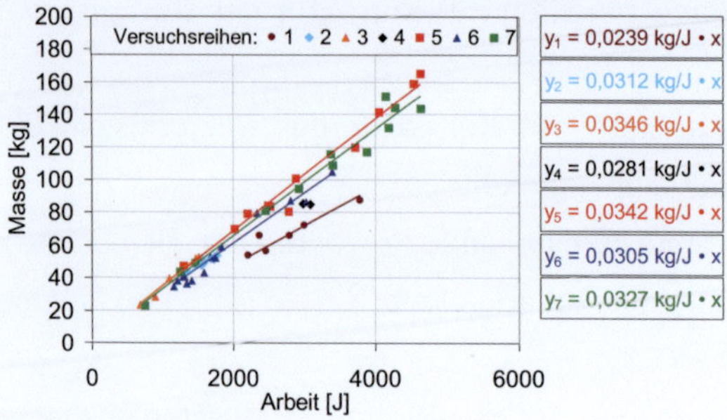

Abbildung 6.52: Geförderte Masse des Ernteguts in Abhängigkeit von der verrichteten Arbeit mit versuchsreihenspezifischer Kalibrierung

Mit Ausnahme der Versuchsreihe 1 variieren die ermittelten Kalibrierfaktoren zwischen 0,02806 und 0,03463 kg/J. In der ersten Versuchsreihe war das Erntegut (Weidelgras) beim Mähen bereits sehr trocken und verholzt, so dass durch Bröckelverluste ein Teil der über den Schwadversetzer geförderten Masse nicht mehr zur Referenzwägung aufgenommen werden konnte. Auf die Validierdaten angewendet, ergeben sich die in Abbildung 6.53 dargestellten Fehlerwerte.

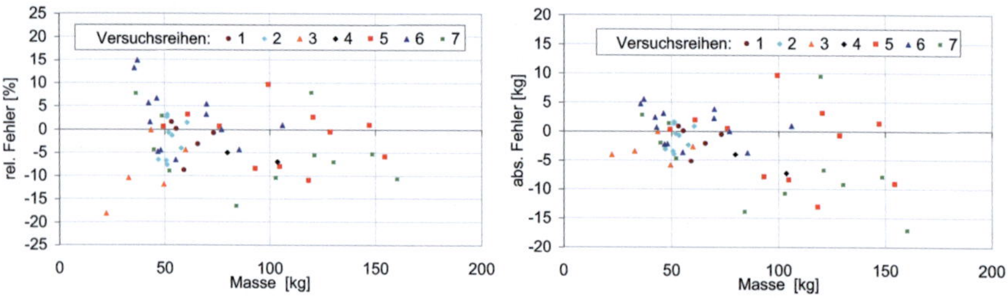

Abbildung 6.53: Relative und absolute Fehler in Abhängigkeit von der Masse des Ernteguts bei versuchsreihenspezifischer Kalibrierung ohne Korrektur der Neigungswinkel- und Gurtgeschwindigkeitsabhängigkeit

Bei diesen versuchsreihenspezifischen Kalibrierungen betragen die Messfehler zwischen –18,2 und +14,8 % bzw. zwischen –17,1 und +9,6 kg. Dabei weisen 83,9 % der 56 Messungen relative Messfehler im Bereich von ±10 % auf. Für die Anwendung des Messsystems ist jedoch ein allgemeingültiger Kalibrierfaktor erforderlich, der aus allen Kalibrierdaten zu bilden ist. Dieser beträgt 0,03150 kg/J, so dass die einzelnen Kalibrierfaktoren der Versuchsreihen 2 bis 7 zwischen –11 und +10 % vom Gesamtkalibrierfaktor abweichen. Lediglich bei Versuchsreihe 1 erreicht dieser Wert –24 %. Ausgehend vom ermittelten Gesamtkalibrierfaktor erfolgt mit den Validierdaten eine Untersuchung der erreichten Genauigkeit. In Abbildung 6.54 sind die ermittelten relativen Messfehler abgebildet, die abgesehen von Versuchsreihe 1 zwischen -25,6 und +18,7 % betragen. Die zugehörigen absoluten Fehler liegen zwischen –22,6 und +6,9 kg.

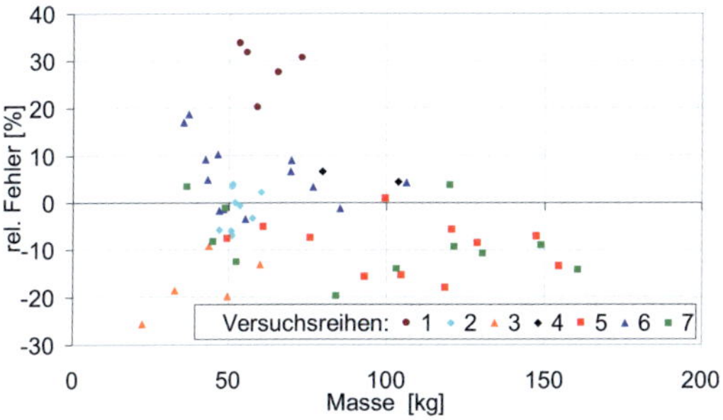

Abbildung 6.54: Relative Fehler in Abhängigkeit von der Masse des Ernteguts bei Gesamtkalibrierung und ohne Korrektur der Neigungswinkel- und Gurtgeschwindigkeitsabhängigkeit

Damit vergrößern sich die Messfehler gegenüber der versuchsreihenspezifischen Kalibrierung deutlich. Im Bereich ±10 % relativer Messfehler liegen nur noch 69 statt 84 % der Messwerte. Bei Berücksichtigung der Versuchsreihe 1 sind es nur 62,5 % der Messwerte.

Im nächsten Schritt werden die Korrekturfunktionen für Gurtgeschwindigkeit und Neigungswinkel einbezogen. Zur Verdeutlichung ihres Einflusses werden sie zunächst einzeln betrachtet. Bei Anwendung der Geschwindigkeitskorrektur ergibt sich ein Kalibrierfaktor von 0,03144 kg/J. Die daraus resultierenden Fehler sind in Abbildung 6.55 in Abhängigkeit von der Gurtgeschwindigkeit gezeigt.

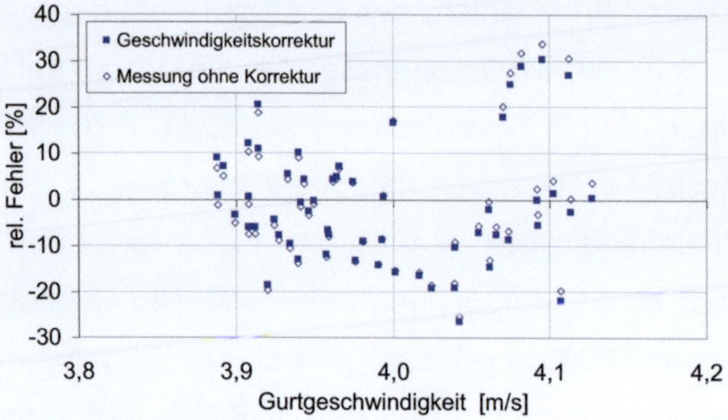

Abbildung 6.55: Relative Fehler in Abhängigkeit von der Gurtgeschwindigkeit bei Gesamtkalibrierung mit Gurtgeschwindigkeitskorrektur

Darin ist zu erkennen, dass sich im Vergleich zu den nicht gurtgeschwindigkeitskorrigierten Daten die Fehlerwerte bei geringerer Gurtgeschwindigkeit in Richtung positiver Fehlerwerte verschieben und bei höheren Gurtgeschwindigkeitswerten entgegengesetzt. Dabei entspricht der gemessenen Arbeit bei niedriger Geschwindigkeit ein größerer und bei höherer Geschwindigkeit ein kleinerer Massewert. Eine Verringerung des Fehlers tritt bei 50 % der Messwerte ein. Im Mittel sinken die Beträge der relativen Fehler jedoch nur von 10,26 auf 10,19 %.

Erfolgt eine Kompensation des Neigungswinkels des Fördergurtes, ergibt sich nach Tabelle 6.14 ein Kalibrierfaktor von 0,03164 kg/J. Daraus resultiert die folgende Fehlerverteilung (Abbildung 6.56), bei der die Korrekturfunktion bei 59 % der Messungen zu einer Verringerung der Messfehler führt. Der Mittelwert der Beträge der relativen Fehler geht dabei von 10,26 auf 9,47 % zurück. Die Fehlerwerte bei negativen Winkeln verschieben sich in Richtung des positiven Fehlerbereiches. Dies heißt für negative Winkel wird der gemessene Arbeitswert nach oben korrigiert und bei positiven Winkeln umgekehrt.

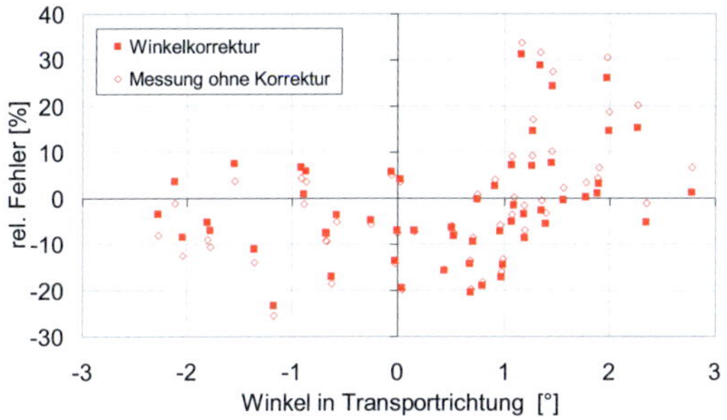

Abbildung 6.56: Relative Fehler in Abhängigkeit vom Neigungswinkel bei Gesamtkalibrierung mit Neigungswinkelkorrektur

Nach Darstellung der Auswirkungen der einzelnen Korrekturfunktionen (Tabelle 6.14) folgt die gemeinsame Anwendung von Winkel- und Geschwindigkeitskorrektur. Damit werden sowohl für alle Messreihen gemeinsam als auch für die einzelnen Versuchsreihen Kalibrierfaktoren in Tabelle 6.15 aufgelistet.

Tabelle 6.14: Gesamtkalibrierfaktoren mit und ohne Korrektur der Neigungswinkel- und Gurtgeschwindigkeitsabhängigkeit

	Kalibrierfaktor [kg/J]	Abweichung gegenüber Gesamtkorrektur [%]
ohne Korrektur	0,03150	-0,24
Neigungswinkelkorrektur	0,03164	0,21
Gurtgeschwindgkeitskorrektur	0,03144	-0,43
Gesamtkorrektur	0,03157	-

Tabelle 6.15: Kalibrierfaktoren der einzelnen Versuchsreihen mit und ohne Korrektur der Neigungswinkel- und Gurtgeschwindigkeitsabhängigkeit

	ohne Neigungswinkel- und Gurtgeschwindigkeitskorrektur		mit Neigungswinkel- und Gurtgeschwindigkeitskorrektur	
	Kalibrierfaktor [kg/J]	Abweichung gegenüber Gesamtkalibrierung [%]	Kalibrierfaktor [kg/J]	Abweichung gegenüber Gesamtkalibrierung [%]
Gesamtmodell	0,0315	-	0,0316	-
Versuchsreihe 1	0,0239	-24,1	0,0237	-24,9
Versuchsreihe 2	0,0312	-1,0	0,0313	-0,9
Versuchsreihe 3	0,0346	9,8	0,0349	10,5
Versuchsreihe 4	0,0281	-10,8	0,0264	-16,4
Versuchsreihe 5	0,0342	8,6	0,0337	6,7
Versuchsreihe 6	0,0305	-3,2	0,0298	-5,6
Versuchsreihe 7	0,0327	3,8	0,0332	5,1

Zu erkennen ist, dass abgesehen von der Versuchsreihe 1 die Abweichungen der Kalibrierfaktoren einzelner Versuchsreihen vom Gesamtkalibrierfaktor zwischen –16,39 % und +10,48 betragen. Ohne die Korrekturfunktionen ergaben sich ähnliche Ergebnisse. Die Gesamtkalibrierfaktoren mit und ohne Nutzung der Korrekturfunktionen unterscheiden sich lediglich um 0,23 %. Im Vergleich der einzelnen versuchsreihenspezifischen Kalibrierungen sind die Unterschiede meist nur gering. Die größten Unterschiede sind bei Versuchsreihe 4 mit knapp 6 Prozentpunkten und Versuchsreihe 6 und 7 mit je etwa 2 Prozentpunkten festzustellen. Diese Versuchsreihen zeichnen sich dabei auch durch vergleichsweise große Abweichungen der Neigungswinkel von der Waagerechten aus (Abbildung 6.61).

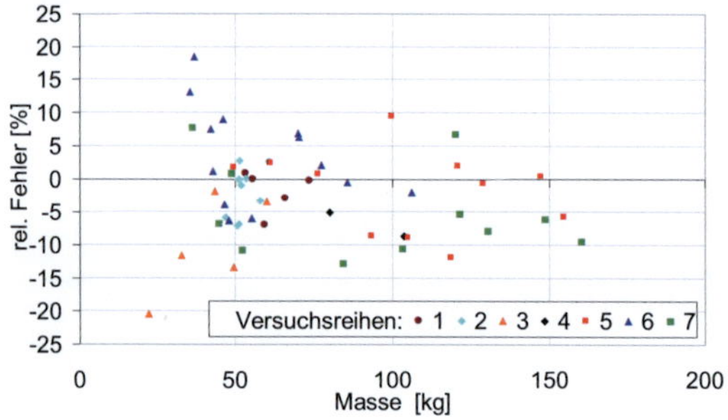

Abbildung 6.57: Relative Fehler in Abhängigkeit von der Masse des Förderguts bei versuchsreihenspezifischer Kalibrierung mit Korrektur der Neigungswinkel- und Gurtgeschwindigkeitsabhängigkeit

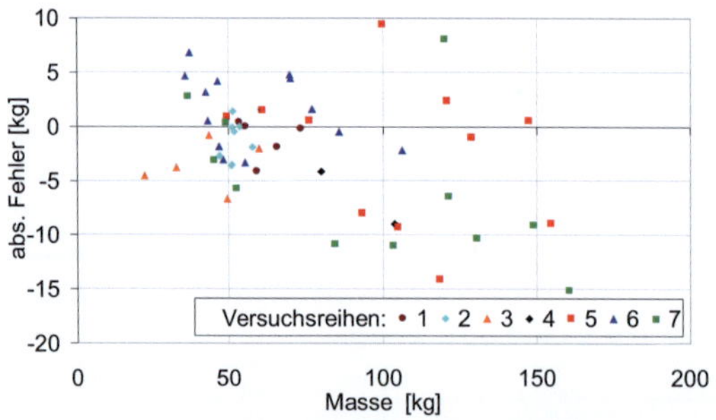

Abbildung 6.58: Absolute Fehler in Abhängigkeit von der Masse des Förderguts bei versuchsreihenspezifischer Kalibrierung mit Korrektur der Neigungswinkel- und Gurtgeschwindigkeitsabhängigkeit

Die resultierenden Messfehler bei den Einzelversuchsreihenkalibrierungen sind in Abbildung 6.57 und Abbildung 6.58 dargestellt. Es ergeben sich relative Messfehler zwischen -20,4 und +18,5 % bzw. absolute Messfehler zwischen -15,1 und +9,4 kg. Der Anteil relativer Messfehler im Bereich ±10 % beträgt 83,9 %. Im Vergleich zu den Einzelversuchsreihenkalibrierungen ohne Korrekturfunktionen ergeben sich etwa gleiche Messfehler. Da sowohl Gurtgeschwindigkeit als auch Neigungswinkel innerhalb einzelner Messreihen weniger variieren als über alle Messreihen hinweg, wirken sich die Korrekturfunktionen bei den versuchsreihenspezifischen Kalibrierungen kaum aus. In Abbildung 6.59 sind zum Vergleich die Messfehler bei Nutzung einer Gesamtkalibrierung dargestellt.

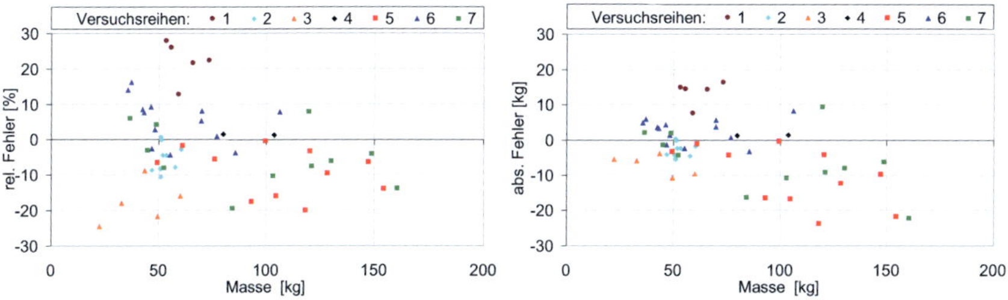

Abbildung 6.59: Relative und absolute Fehler in Abhängigkeit von der Masse des Förderguts bei Gesamtkalibrierung mit Korrektur der Neigungswinkel- und Gurtgeschwindigkeitsabhängigkeit

Die Messfehler nehmen im Vergleich zur Einzelversuchsreihenkalibrierung wiederum deutlich zu und betragen, abgesehen von der 1. Versuchsreihe, zwischen -24,5 und +16,3 % bzw. zwischen -23,9 und +9,5 kg. Dabei liegen, ohne der 1. Versuchsreihe, 72,6 % der relativen Messfehler im Bereich ±10 %. Mit Versuchsreihe 1 sind es 66,1 %. Diese Werte zeigen eine zunehmende Genauigkeit bei Anwendung der Korrekturfunktionen. Gegenüber den Fehlern bei der Einzelversuchsreihenkalibrierung steigert sich der Mittelwert der Beträge der relativen Fehler bei einer Gesamtkalibrierung von 5,8 auf 9,6 % (7,3 % ohne Versuchsreihe 1).

Bei der Darstellung der Fehler in Abhängigkeit vom Massestrom in Abbildung 6.60 ist, abgesehen von Versuchsreihe 1, bei geringerem Massestrom eine breitere Verteilung der Fehlerwerte (v.a. Versuchsreihen 3 und 6) zu erkennen als bei höheren Masseströmen (Versuchsreihe 7).

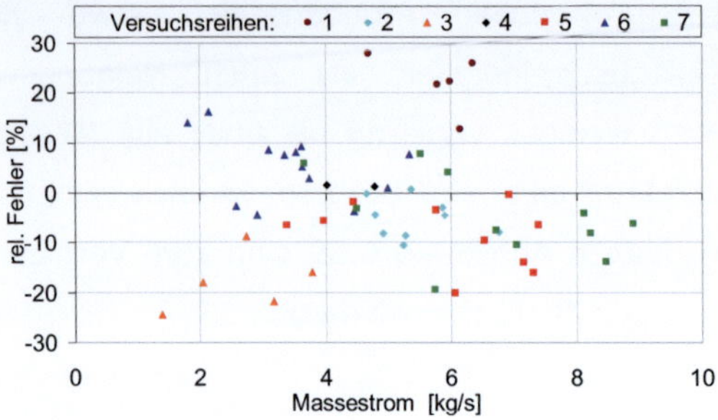

Abbildung 6.60: Relative Fehler in Abhängigkeit vom Massestrom bei Gesamtkalibrierung mit Korrektur der Neigungswinkel- und Gurtgeschwindigkeitsabhängigkeit

Eine Darstellung in Abhängigkeit vom Neigungswinkel in Abbildung 6.61 lässt auch bei Nutzung beider Korrekturfunktionen und der Gesamtkalibrierung nur eine sehr schwache Korrelation zwischen relativem Messfehler und Neigungswinkel erkennen.

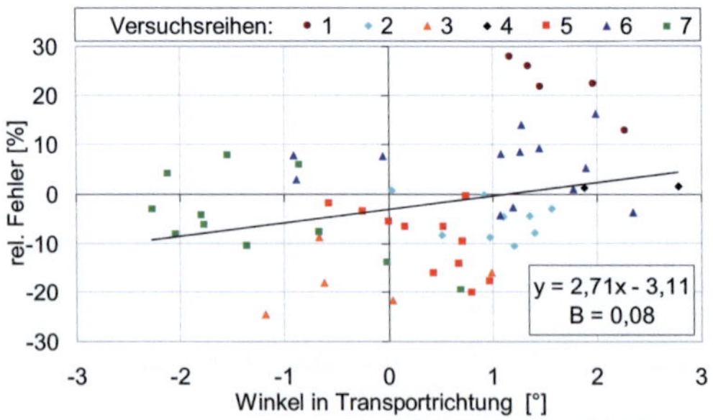

Abbildung 6.61: Relative Fehler in Abhängigkeit vom Neigungswinkel bei Gesamtkalibrierung mit Korrektur der Neigungswinkel- und Gurtgeschwindigkeitsabhängigkeit

Zwischen Gurtgeschwindigkeit und relativem Messfehler ist nahezu keine Korrelation mehr vorhanden (Abbildung 6.62).

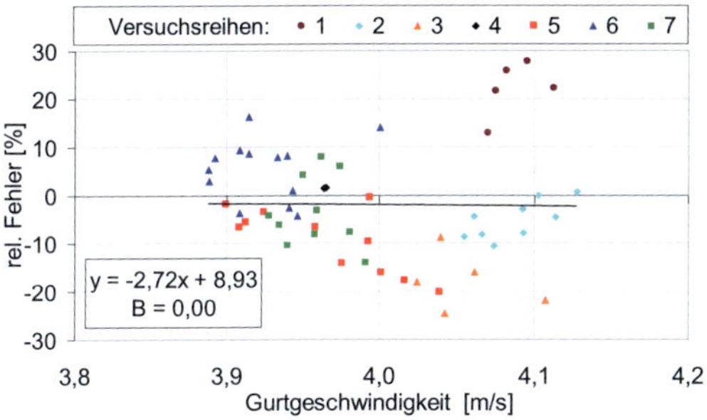

Abbildung 6.62: Relative Fehler in Abhängigkeit von der Gurtgeschwindigkeit bei Gesamtkalibrierung mit Korrektur der Neigungswinkel- und Gurtgeschwindigkeitsabhängigkeit

Bei der Darstellung der Fehler in Abhängigkeit vom Leerlaufdrehmoment, sind besonders bei den Versuchsreihen 3 und 5 Auffälligkeiten zu erkennen (Abbildung 6.63).

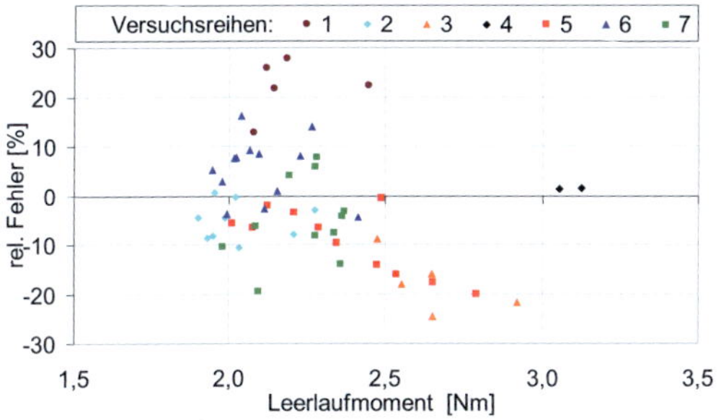

Abbildung 6.63: Relative Fehler in Abhängigkeit vom Leerlaufdrehmoment bei Gesamtkalibrierung mit Korrektur der Neigungswinkel- und Gurtgeschwindigkeitsabhängigkeit

Bei diesen Versuchsreihen tritt bei höherem Leerlaufdrehmoment ein zunehmend negativer Fehlerwert auf. Das berechnete Gewicht ist bei steigendem Leerlaufdrehmoment zu gering. Eine derart deutliche Erhöhung des Leerlaufdrehmomentes tritt auf, wenn der Fördergurt sich nicht mittig über die Trommeln bewegt, sondern seitlich verschoben ist und dadurch am Rahmen des Gurtförderers schleift. Dies kann, wie bei Versuchsreihe 3 und 5 offensichtlich geschehen, zu einer fehlerhaften Bestimmung des Leerlaufdrehmomentes führen. Wenn beispielsweise der Fördergurt nicht mit seiner ganzen Länge, sondern nur zu einem kleinen Teil an der Seitenbegrenzung schleift, kann die plötzliche Belastung mit Fördergut zu einer Verstärkung oder Abschwächung (Versuchsreihe 3 und 5) dieser seitlichen Gurtverschiebung führen. Dadurch unterscheidet sich das Leerlaufdrehmoment zwischen der Leerlaufphase und der Phase des Förderguttransports. Daraus resultieren Fehler bei der Bestimmung der benötigten Arbeit. Sollte dagegen die seitliche Gurtverschiebung und damit die Reibung an der Seitenbegrenzung so stark sein, dass sie sich während des Materialtransports nicht mehr wesentlich verändert, können die resultierenden Messfehler wieder sinken, wie an Versuchsreihe 4 deutlich wird.

Abschließend werden die Ergebnisse der Versuche mit beiden Ertragsmesseinrichtungen verglichen (Tabelle 6.16).

Tabelle 6.16: Zusammenfassung der Ergebnisse der Feldversuche bei Betrachtung ganzer Schwade

Ertragsmess-einrichtung	Kalibrierung	Korrektur funktion für: Winkel – 1 Geschwin-digkeit - 2	Anzahl der Versuche für: Kalibrierung / Valdierung	relativer Fehler		Standard-abweichung der relativen Fehler	Messwerte innerhalb ±10% relativer Fehler
				Min. [%]	Max. [%]	[%]	[%]
1	Gesamt	-	13 / 12	-23,1	18,8	12,8	41,7
1	Gesamt	1	13 / 12	-25,1	15,9	13,1	41,7
1	Gesamt	2	13 / 12	-20,4	14,7	11,6	41,7
1	Gesamt	1 und 2	13 / 12	-22,3	12,0	11,4	50,0
1	Versuchs-reihen-spezifisch	1 und 2	13 / 12	-11,9	12,3	7,3	75,0
2	Gesamt	-	60 / 56	-25,6	18,7	13,3	62,5
2	Gesamt	1	60 / 56	-23,5	14,5	12,1	67,9
2	Gesamt	2	60 / 56	-26,5	20,5	12,9	58,9
2	Gesamt	1 und 2	60 / 56	-24,5	27,8	11,9	66,1
2	Gesamt	1 und 2	60 / 51*	-24,5	16,3	9,4	72,5
2	Versuchs-reihen-spezifisch	-	60 / 56	-18,2	14,8	6,8	83,9
2	Versuchs-reihen-spezifisch	1 und 2	60 / 56	-20,4	18,5	7,2	83,9

*ohne Versuchsreihe 1

Es ist festzustellen, dass sich die Genauigkeit gegenüber den ersten Versuchen im Jahr 2004 nur geringfügig verändert hat. So beträgt die Standardabweichung der relativen Messfehler bei Gesamtkalibrierung und Nutzung der Korrekturfunktionen anfangs 11,4 % und bei den Einsatz der veränderten Ertragsmesseinrichtung 11,9 %. Jedoch ist der Datenumfang im letzteren Fall mit 116 anstatt 25 Messungen deutlich größer. Bleibt allein die 1. Versuchsreihe bei Einsatz der zweiten Ertragsmesseinrichtung bei der Validierung unberücksichtigt, so verbessert sich die Standardabweichung bereits auf 9,4 %. Daher erscheint die Anordnung des Messförderbandes im Erntegutstrom bei der zweiten Ertragsmesseinrichtung insgesamt als die geeignetere Variante. Die Anwendung der Korrekturfunktionen für den Einfluss des Neigungswinkels und der Gurtgeschwindigkeit wirken sich bei beiden Ertragsmesseinrichtungen positiv auf die Messgenauigkeit aus. Der Anteil relativer Messfehler im Bereich ±10 % steigt bei Gesamtkalibrierung der zweiten Ertragsmesseinrichtung um knapp 4 Prozentpunkte. Allerdings wirken diese Korrekturfunktionen v.a. bei starken Abweichungen von den Bezugswerten 0 ° bzw. 4 m/s. Bei beiden Größen treten in den Versuchsreihen mit der zweiten Ertragsmesseinrichtung nur geringe Schwankungen auf. So variiert der Neigungswinkel von -2,3 bis +2,8 ° und die Gurtgeschwindigkeit zwischen 3,89 und 4,13 m/s.

7 Einordnung der Ergebnisse und Ausblick

Die in Abschnitt 1 aufgeführten Untersuchungen zur Ertragsvariabilität stellten bei der Einteilung von Schlägen in Abschnitte zu 144 bis 1296 m^2 Schwankungen bis ca. ±40 %, bezogen auf den mittleren Ertrag, fest.

Mit dem aufgebauten und untersuchten eigenen Ertragsmesssystem erreichten bis zu zwei Drittel der Messwerte von unterschiedlichen Schlägen relative Messfehler von maximal 10 %, wobei die Größe der Versuchsabschnitte zwischen 75 und 150 m^2 betrug. Wird nur die Ertragsverteilung innerhalb eines Schlages betrachtet, weil beispielsweise die Gesamtmasse bereits anderweitig erfasst wird, konnten bei 83,9 % der Messwerte relative Fehler von maximal 10 % erreicht werden. Die entsprechenden Standardabweichungen betrugen 11,9 % bei einer Gesamtkalibrierung und 7,2 % bei einer schlagspezifischen Kalibrierung. Damit ermöglicht es das aufgebaute Messsystem, wesentliche Ertragsschwankungen zu erkennen.

Die festgestellte örtliche Verschiebung zwischen Aufwuchsort und Messort war nur sehr gering. In Fahrtrichtung betrug der Abstand zwischen Aufwuchsort und der Stelle, an der das Erntegut vom Messförderband abgeworfen wurde, nur ca. 2 bis 3 m. Quer zur Fahrtrichtung ergab sich keine Verschiebung. Diese räumliche Verschiebung ist gering im Vergleich zu Ertragsmessungen in Ballenpressen oder Feldhäckslern, bei denen durch Mähen, Wenden und Schwaden eine örtliche Verlagerung des Erntegutes vor der Messung stattfindet. Damit ist eine hohe Genauigkeit bei der lokalen Zuordnung der Ertragsdaten gegeben.

Andere im Ernteeinsatz getestete Ertragsmesssysteme haben in Abhängigkeit von der Funktionsweise und dem betrachtetem Erntegut, unterschiedliche Genauigkeiten erbracht. Bei der Ertragsmessung mit dem Feldhäcksler im Grünland und Feldfutterbau wurden Standardabweichungen von 8,23 % ermittelt [23], wobei einzelnen Messwerten die beförderte

Frischmasse in den Transportfahrzeugen entspricht. Mit Ballenpressen wurden in einzelnen Untersuchungen für Rundballen bei 75 % der Werte Messfehler im Bereich ±5 % [70] und für Quaderballen bis zu 7 % bei langen und 16 % bei kurzen Ballen [51] festgestellt. Sowohl im Feldhäcksler als auch in der Ballenpresse lagen den Messwerten jeweils lange, schmale und vergleichsweise große Flächen zu Grunde. Bei der Ertragsmessung in Mähwerken wurden bei der Wägung an einem Schwadversetzer Standardabweichungen der relativen Messfehler von 9,62 bis 13,63 % erreicht, wobei Messwerte mit Fehlern über 25 % gänzlich unberücksichtigt blieben [14]. Die Leistungserfassung am Aufbereiter zeigte eine deutliche Abhängigkeit von der Art des Ernteguts und den Maschineneinstellungen, so dass die Messergebnisse unter wechselnden Bedingungen kaum reproduzierbar waren [38].

Das entwickelte Ertragsmesssystem für Mähwerke weist im Vergleich zu anderen Systemen für Feldhäcksler oder Mähwerke eine vergleichbare Genauigkeit auf. Wägesysteme für Ballenpressen sind dagegen teils deutlich genauer. Sie haben aber den Nachteil, dass sie keine kontinuierlichen Masseströme sondern die Masse ganzer Ballen erfassen. Ein weiterer Vorteil der Messung im Mähwerk ist, dass dieser Arbeitsgang unabhängig von der Art der Bergung des Erntegutes erforderlich ist. Daraus ergeben sich umfassendere Einsatzmöglichkeiten. Möglich ist die Anwendung des Messsystems an Mähwerken, die entweder mit einem Schwadversetzer ausgestattet sind oder an denen dieser ergänzt werden kann. Schwadversetzer können aus dem Gutstrom herausgeschwenkt werden, wenn das Entegut in der Fahrspur des Mähwerks oder breit verteilt abgelegt werden soll. In diesem Fall ist keine Messung möglich. Eine Anordnung des Gurtförderers im Mähwerk, bei der weiterhin eine beliebige Formung des Schwades möglich ist, erfordert wesentliche Änderungen am Aufbau des Mähwerkes, wodurch Abmessungen und Gewicht deutlich zunehmen würden.

Die durchgeführten Versuche zeigten auch, dass eine ungünstige Anordnung im Gutfluss die Genauigkeit des Messsystems herabsetzt. Aus den Versuchsergebnissen können Anforderungen an die Gestaltung eines zur Ertragsermittlung optimierten Gurtförderers abgeleitet werden.

Für den Gurtförderer selbst sind dies:

- ein auf den Trommeln zentrierter Lauf des Fördergurtes, so dass keine Berührungen zwischen dem Fördergurt und den Seitenwänden auftreten
- ein über die Länge des Gurtes konstanter Biegewiderstand und ein im Verhältnis zur Gurtdicke möglichst großer Trommeldurchmesser, wodurch ein konstanter Leistungsbedarf begünstigt wird
- eine Oberfläche des Fördergurtes, welche die Fördergutmitnahme erleichtert und übermäßigen Schlupf zwischen Fördergurt und –gut vermeidet
- eine möglichst hohe Gurtgeschwindigkeit, wobei die Beschleunigung des Erntegutes auf die Gurtgeschwindigkeit unter Berücksichtigung des möglichen Schlupfes und der Länge der Transportstrecke zu gewährleisten ist
- eine konstante Gurtgeschwindigkeit oder Korrektur anhand gemessener Geschwindigkeitswerte, da dies die dem Fördergut zuzuführende kinetische Energie beeinflusst
- eine Vermeidung von Reibung zwischen dem Fördergut, dass auf dem Fördergurt transportiert wird, und nicht bewegten Teilen der Erntemaschine

Die Führung des Massestromes sollte so erfolgen, dass:

- die Transportstrecke mindestens so lang ist, dass das Fördergut bis zum Abwurf auf die Gurtgeschwindigkeit beschleunigt werden kann
- eine definierte Anfangsgeschwindigkeit des Fördergutes beim Auftreffen auf den Fördergurt gewährleistet ist

- eine gleichbleibende Neigung des Fördergurtes besteht oder eine Erfassung und Berücksichtigung des Neigungswinkels erfolgt
- die Transportstrecke nicht zu lang ist, um den Anteil der Reibungsverluste gegenüber der zuzuführenden kinetischen Energie gering zu halten

Bei der Implementierung der Messtechnik sollte:

- die Drehmomentmessung der Druckdifferenzmessung vorgezogen werden, wenn keine konstanten Bedingungen (Temperaturen, Drehzahl/Geschwindigkeit sowie Eigenschaften des Hydrauliköls und des Motors) garantiert werden können
- ein regelmäßige Messung der Leerlaufleistung möglich ist
- Einrichtungen zur Erfassung von Neigungswinkel und Gurtgeschwindigkeit implementiert und in den Kalibrierfunktionen berücksichtigt werden, sofern diese Größen variabel sind
- die zuverlässige Erfassung der Beladung des Fördergurtes zur Feststellung von Leerlaufphasen erfolgen, um einen regelmäßigen Abgleich der Leerlaufleistung zu ermöglichen

8 Zusammenfassung

Die Erfassung und lokale Zuordnung der Erträge ermöglicht es, den Nährstoffentzug und damit den Düngemittelbedarf teilflächenspezifisch festzustellen. Mit diesen Informationen kann sowohl ertragsmindernder Unterdüngung als auch ökonomisch und ökologisch nachteiliger Überdüngung entgegengewirkt werden. Auf diese Weise erlangt die teilflächenspezifische Ertragserfassung in der Landwirtschaft zunehmende Bedeutung. Auch für die Planung der weiteren Erntegutverarbeitung sind die Ertragsdaten relevant. Den bisher untersuchten Ertragsmesssystemen für Grünland und Feldfutter mangelt es jedoch an Genauigkeit oder der lokalen Zuordnung der Erträge zum Aufwuchsort. Das Ziel der Arbeit bestand daher in der Entwicklung eines Messsystems, dass eine hinreichend genaue Erfassung der möglichen Ertragsschwankungen und die lokale Zuordnung der Erträge für Grünland und Feldfutter ermöglicht.

Um eine genaue lokale Zuordnung der Ertragswerte durch die Aufnahme des Ernteguts unmittelbar am Aufwuchsort zu ermöglichen, wurde das Messsystem in einem Mähwerk integriert. Die Ertragsmessung erfolgte an einem Schwadformer, der aus einem kurzen Förderband bestand. Dessen Leistungsbedarf, der aus dem Drehmoment an der Antriebstrommel und der Gurtgeschwindigkeit ermittelt wurde, diente als Maß für den Massestrom.

In Prüfstandsversuchen zeigten sich eine Reihe von Einflussgrößen. Im Leerlauf war eine hohe Dynamik des Drehmomentes festzustellen, welches in Abhängigkeit von den Betriebsparametern im Mittel zwischen 1,5 und 3 Nm betrug. Mittels Signalglättung konnte die Breite des Bereiches, indem das Leerlaufdrehmoment schwankt von mehr als 2 Nm auf weniger als 0,1 Nm reduziert werden. Das geglättete Drehmomentsignal wies Driftbewegungen nach Drehzahländerungen auf, die im betrachteten Gurtgeschwindigkeitsbereich bis zu 0,8 Nm betrugen. Nach Erreichen stationärer Betriebszustände war eine Abhängigkeit des Leerlaufdrehmomentes von den verwendeten Bauteilen und der Temperatur zu beobachten. Eine Temperaturerhöhung um 25 K bewirkte gurtabhängig eine Drehmomentreduzierung zwischen 0,5 und 1 Nm. Gurtgeschwindigkeit und Spannkraft des Gurtes hatten dagegen nur einen so geringen Einfluss, dass dieser sich nicht vom Signalrauschen bei konstanten Einstellungen abhob. Zur Berücksichtigung der variierenden Leerlaufleistung bei der Massestrombestimmung war eine regelmäßige Messung des Leerlaufdrehmomentes erforderlich.

Bei den Prüfstandsversuchen mit Materialfluss dienten Gras oder Sand als Fördergüter. Der Anstieg der benötigten Leistung gegenüber dem Leerlauf wurde durch die kinetische und potentielle Energie, die dem Fördergut zuzuführen war, beeinflusst. Dies führte bei Gras als Fördergut zu einer Messwertänderung von ca. 10 % bei einer Änderung des Neigungswinkels der Förderstrecke gegenüber der Waagerechten um 5 ° bzw. 22 % bei einer Änderung der Gurtgeschwindigkeit um 1 m/s bezogen auf die Messwerte bei 4 m/s. Mit Korrekturfunktionen erfolgte anhand des gemessenen Winkels und der Gurtgeschwindigkeit eine Kompensation dieser Einflüsse. Daneben traten Reibungsverluste auf, deren Anteile bei einer Gurtgeschwindigkeit von 4 m/s etwa 60 bis 70 % der Gesamtleistung betrugen. Der exakte Wert war abhängig von der Länge der Förderstrecke und der Höhe, aus der das Erntegut auf den Gurt fiel. Die letztgenannten beiden Größen lassen sich in der Ertragsmesseinrichtung konstant halten. Die Gurtspannung hatte im untersuchten Einstellbereich keinen relevanten Einfluss.

Bei den Feldversuchen mit der Ertragsmesseinrichtung im Mähwerk wurden jeweils Schwadabschnitte von 25 bis 50 m zu einzelnen Messwerten zusammengefasst. Variiert wurden die Art des Ernteguts, die Dichte des Aufwuchses, der Massestrom und die Erntezeit. In engen Grenzen variierten auch Gurtgeschwindigkeit und Neigung entlang der Förderstrecke. Bei den durchgeführten Versuchen wurden bei den Differenzen zwischen den mittels Ertragsmesssystem erzielten Massewerten und den per Wägung ermittelten

Referenzwerten Standardabweichungen von 11,9 % bei einer Gesamtkalibrierung und 7,2 % bei schlagspezifischen Kalibrierungen erreicht. Damit war das Messsystem in der Lage die wesentlichen Ertragsschwankungen, die in Untersuchungen von Grünland und Feldfutter bis zu ±40 % um den mittleren Flächenertrag betrugen, zu erfassen und erreichte eine vergleichbare Genauigkeit wie Massestrommessungen im Feldhäcksler.

Für die praktische Anwendung des Messsystems sind Optimierungen, wie die Reduzierung von Reibungsverlusten im Gurtförderer, ein zentrierterer Lauf des Gurtes auf den Trommeln sowie die Reduzierung der Reibungsverluste zwischen Fördergut und Rahmen vorzunehmen. Aufgrund der ähnlichen Ergebnisse der Prüfstandversuche mit den Fördergütern Gras und Sand erscheint eine Nutzung des Messsystems an vergleichbaren Fördereinrichtungen anderer Maschinen möglich. Hierzu müssten für die jeweiligen Anwendungsfälle Kalibrierfunktionen erstellt werden.

9 Summary

The acquisition and allocation of local yields enable the farmer to ascertain the nutrient deprivation and therefore the fertilizer needs. With this information lower yields due to insufficient fertilization as well as economically and ecologically disadvantageous overfertilization can be prevented. Thus the site-specific yield measurements become more important in agriculture. The yield data is also relevant for the planning of the further harvested crop. Yield measurement systems for grassland and forage were examined but they show a lack of accuracy or the local allocation of yield to the place of growth. The aim of this dissertation was therefore to develop a measurement system that provides a sufficient accurate detection of possible yield fluctuations and allows the local allocation of the yields for grassland and forage.

The measurement system was integrated in a mower in order to enable exact local allocation by picking up the forage crop at the place of growth. The yield measurement was performed on a windrowing device consisting of a short conveyor belt. Meanwhile the power demand resulting from the torque on the driving drum and the belt speed was calculated as a measure of the mass flow.

In test stand attempts several influencing variables were identified. High dynamics of the torque were determined in the no-load operation. It amounted as a equation of the settings on average between 1.5 and 3 Nm. By means of signal smoothing the width of the area, in which the idle torque alternates up to 2 Nm was reduced to less than 0.1 Nm. The smoothed torque signal showed drift movements after speed changes up to 0.8 Nm in the investigated belt speed area. A dependence of the idle torque was to be observed from the used components and the temperature after reaching steady operating conditions. A temperature increase by 25 K caused a torque reduction between 0.5 and 1 Nm dependent on belt. However the speed and belt tension have merely little influence. These influences were smaller than the signal noise with steady conditions. For the consideration of the varying power requirement in the idle with the mass flow determination a regular measurement of the idle torque was necessary.

With the test stand attempts grass or sand served as materials to be conveyed. Increase of required power compared with the idle was influenced by the kinetic and potential energy which was to be supplied to the material to be conveyed. With grass as material to be conveyed results showed a measurable change in value of approx. 10% by a change of the inclination compared with the horizontal around 5 ° or 22 % by a change of the belt speed around 1 m/s corresponded to the measuring values with 4 m/s. With appropriate correcting equations on the basis of the measured inclination and speed a compensation of these influences were realised. Besides there appeared friction losses whose shares amounted from about 60 to 70% with a belt speed of 4 m/s. The exact value was depending on the length of the conveyor distance and the height from which the harvest crop fell on the belt. The dimensions of the last both influencing variables can be held steady in the yield measuring system. The belt tension had no relevant influence in the examined setting range.

Each section from the 25 to 50 m windrows have been summarised to a single measuring value at the field tests. The varying factors were: kind of harvested crop, density of yield, mass flow as well as harvest time. In small range belt speed and inclination also varied along the conveyor distance. The standard deviations of the measuring error with the accomplished attempts amounted 11.9 % with total calibration and 7.2 % with fieldspecific calibration. Thus the measuring system was able to seize the substantial yield fluctuations, which achieved in investigations from grassland and forage up to ±40 % around the average yield. This accuracy was comparable to the mass flow measurements in the field chopper.

In future more optimisations like reduction of friction losses in the belt conveyor, more centred run of the belt on the drums as well as reduction of the friction losses between material to be conveyed and frame are needed for the practical use of the measuring system. A use of the measuring system in comparable conveyor systems of other machines seems to be possible because of the similar results from the test stand attempts with the conveyed materials grass and sand. For respective applications different calibration functions are needed.

10 Literaturverzeichnis

[1] Ahlgrimm, H.-J.: Der Einfluss der Feuchte auf das Bruchverhalten von Halmgut bei Zug-, Scher- und Biegebeanspruchung. *Landbauforschung Völkenrode* Sonderheft 8 (1970), S. 8-31

[2] Ahlgrimm, H.-J.: Kraft-Dehnungsverhalten von Einzelgrashalmen. *Landbauforschung Völkenrode 24* (1974), H. 2, S. 105-110

[3] Arslan, S., F. Inanc, J.N. Gray, T.S. Colvin: Grain flow measurements with X-ray techniques. *Computers and electronics in agriculture 26* (2000), S. 65–80

[4] Arslan, S., T.S. Colvin: An evaluation of the response of yield monitors and combines to varying yields. *Precision Agriculture 3* (2002), H. 2, S. 107-122

[5] Auernhammer, H., M. Demmel, T. Muhr, J. Rottmeier, K. Wild: GPS for yield mapping on combines. *Computers and Electronics in Agriculture 11* (1994), Heft 1, S. 53-68

[6] Auernhammer, H., M. Demmel, P.J.M. Pirro: Lokale Ertragsermittlung mit dem Feldhäcksler. *Landtechnik 51* (1996), H. 3, S. 151-152

[7] Baganz, K.: Yield Estimation on Potato Harvesters. In: *International Symposium on Locating Systems for Agricultural Machines*, Gödöllö (1991), S. 18

[8] Bosch Rexroth: Außenzahnradpumpen Baureihe F, Prospektmaterial, Februar 2007

[9] Bundesminsterium für Ernährung, Landwirtschaft und Verbraucherschutz: *Statistisches Jahrbuch über Ernährung, Landwirtschaft und Forsten 2008*. NW-Verlag, Bremerhafen, 2008

[10] Campbell,R.H., S.I. Rawlins, H. Shufeng: Monitoring Methods for Potato Yield Mapping. *ASAE-Paper 94-1584* (1994)

[11] Claas: Corto Trommelmäher, Prospektmaterial, August 2008

[12] DeHaan, K.R., G.T. Vessey, D.A. Holmstrom, J.A. MacLeod, J.B. Sanderson, M.R. Carter: Relating potato yield to the level of soil degradation using a bulk yield monitor and differential global positioning systems. *Computers and Electronics in Agriculture 23* (1999), H. 2, S. 133-143

[13] Demmel, M., H. Auernhammer: Lokale Ertragsermittlung bei Kartoffeln und Zuckerrüben. VDI/MEG Tagung Landtechnik, München 1998, *VDI-Berichte* 1449, S. 263-268

[14] Demmel, M., T. Schwenke, H. Heuwinkel , F. Locher, J. Rottmeier: Ertragsermittlung von Grünland - erste Ergebnisse. *Landtechnik 57* (2002), H. 3, S. 146-147

[15] Demmel, M.: Ertragsermittlung im Mähdrescher. *DLG-Merkblatt 303*, 2001, Hrsg.: Deutsche Landwirtschafts-Gesellschaft, Fachbereich Landtechnik, Ausschuss für Arbeitswirtschaft und Prozesstechnik, Frankfurt/Main

[16] Dernedde, W.: Die technologischen Eigenschaften von Gras und deren Einfluss auf den Schneidvorgang. *Landbauforschung Völkenrode* Sonderheft 8 (1970), S. 53-67

[17] Deutsches Institut für Normung: *DIN 22101: Stetigförderer - Gurtförderer für Schüttgüter - Grundlagen für die Berechnung und Auslegung*. 2002

[18] Deutsches Institut für Normung: *DIN EN ISO 21183: Leichte Fördergurte*. 2007

[19] Ehlert, D., K.-H. Dammer, U. Völker: Applikation nach Pflanzenmasse. *Agrartechnische Forschung 10* (2004), H. 2, S. 28-32

[20] Ehlert, D., K.-H. Dammer: Widescale testing of the Crop-meter for site-specific farming. *Precision Agriculture 7* (2006), S. 101-115

[21] Ehlert, D., P. Jürschik, S. Otter-Nacke: CROP-Meter mit technischen Verbesserungen. *Landtechnik 63* (2008) H. 1, S. 26-27

[22] Ehlert, D., P.A. Algerbo: Ertragskartierung bei Kartoffeln. *Landtechnik 55* (2000), H. 6, S. 436-437

[23] Ehlert, D.: Ertragskartierung in selbstfahrenden Feldhäckslern. *Landtechnik 54* (1999), H. 2, S. 84-85

[24] Ehlert, D.: Massestrommessung bei Kartoffeln. *Landtechnik 51* (1996), H. 1, S. 20-21

[25] Ehlert, D.: Measuring mass flow by bounce plate for yield mapping of potatoes. *Precision Agriculture 2* (2000), H. 2, S. 119-130

[26] Eichhorn, H.: *Landtechnik*. Verlag Eugen Ulmer, Stuttgart, 1999

[27] Gevatter, H.-J., U. Grünhaupt: *Handbuch der Mess- und Automatisierungstechnik in der Produktion*. Springer Verlag, Berlin, 2006

[28] Hall, T.L., L.F. Backer, V.L. Hofman, L.J. Smith: Sugarbeet yield monitoring for site-specific farming part II - field testing. *Precision Agriculture 4* (2003), H. 4, S. 433-444

[29] Hennens, D., J. Baert, J. De Baerdemaeker, H. Ramon: Development of a Yield Mapping of Sugar Beets with Momentum Type Flow Rate Sensor. VDI/MEG Tagung Landtechnik, Halle 2002, *VDI-Berichte* 1716, S. 247 – 252

[30] Hoffmann, J.: Handbuch der Messtechnik. Carl Hanser Verlag, München, 2007

[31] Isensee, E., S. Krippahl: Online-Vergleich von Ertragsmesssystemen im Mähdrescher. *Landtechnik 56* (2001), H. 4, S. 274-275

[32] Isensee, E., W. Lieder: Ertragsmessung in der Rübenernte. *Landtechnik 56* (2001), H. 4, S. 272-273

[33] Isensee, E.: Ertragskartierung in der Rübenernte. *Landtechnik 58* (2003), H. 6, S. 386-387

[34] Kormann, G., J. Rottmeier: Gewichtsermittlung in Rundballenpresse und -wickelmaschine. VDI/MEG Tagung Landtechnik, Braunschweig 1999, *VDI-Berichte 1503*, S. 229-234

[35] Kromer, KH., P. Degen, M. Hafner, O. Schmittmann: Teilflächenspezifische Ertragsmessung bei Zuckerrüben. *Landtechnik 56* (2001), H. 1, S. 26-27

[36] Krone: EasyCut gezogene Scheibenmähwerke, Prospektmaterial, September 2006

[37] Kumhála, F., M. Kroulik, P. Hermánek, V. Prosek: Yield mapping of forage harvested by mowing machines. VDI/MEG Tagung Landtechnik, Hannover 2001, *VDI-Berichte* 1636, S. 267-272

[38] Kumhála, F., M. Kroulik, V. Prosek: Development and evaluation of forage yield measure sensors in a mowing-conditioning machine. *Computers and electronics in agriculture 58* (2007), S. 154–163

[39] Kumhála, F., M. Kroulik, Z. Kvíz, J. Masek: Forage yield maps creating based on Mowing machine conditioner power input measurement. VDI/MEG Tagung Landtechnik, Dresden 2004, *VDI-Berichte 1855*, S. 307-315

[40] Kumhála, F., V. Prosek: Laboratory Measurement of Mowing Machine Material Feed Rate. *Precision Agriculture 4* (2003), S. 413-419

[41] Maidl, F.X., R. Brunner, E. Sticksel, G. Fischbeck: Ursachen kleinräumiger Ertragsschwankungen im bayerischen Tertiärhügelland und Folgen für eine teilschlagbezogene Düngung. *Journal of Plant Nutrition and Soil Science 162* (1999), S. 337-342

[42] Niemöller, B., H.-H. Harms, N. Erasmy: Leistungsanalyse eines Scheibenmähwerkes. *Landtechnik 63* (2008), H. 2, S. 86-87

[43] Noack, P.O.: GPS gestützte automatische Lenksysteme. *Landtechnik 59* (2004), H. 5, S. 256-257

[44] Pajer, G., H. Kuhnt, F. Kurth: *Stetigförderer*. Verlag Technik, Berlin, 1988

[45] Parthier, R.: *Messtechnik. Grundlagen und Anwendungen der elektrischen Messtechnik für alle technischen Fachrichtungen und Wirtschaftsingenieure.* Friedr. Vieweg & Sohn Verlag, Wiesbaden, 2008

[46] Pelletier, G., S.K. Upadhyaya: Development of a tomato load/yield monitor. *Computers and Electronics in Agriculture 23* (1999), H. 2, S.103-117

[47] Persson, D.A., L. Eklundh, P.-A. Algerbo: Evaluation of an optical sensor for tuber yield monitoring. *Transactions of the ASAE* 47 (2004), S. 1851-1856

[48] Profos, P., T. Pfeifer: *Handbuch der industriellen Messtechnik*. Oldenbourg Verlag, München, 1992

[49] Reitz, P., H.D. Kutzbach: Investigations on a particular yield mapping system for combine harvesters. *Computers and Electronics in Agriculture 14* (1996), H. 2,3, S. 137-150

[50] Reitz, P.: Ertragskartierung. Technische Einrichtungen für den Mähdrescher. *Landtechnik 47* (1992) , H. 6, S. 260,273-276

[51] Sauter, G.J., H. Kirchmeier, H. Neuhauser: Ertragserfassung mit Quaderballenpressen. *Landtechnik 56* (2001), H. 1, S. 24-25

[52] Sauter, J., H. Neuhauser, H. Kirchmeier: Automatische Gewichtsermittlung von Ballen mit Quaderballenpressen. VDI/MEG Tagung Landtechnik, Münster 2000, *VDI-Berichte 1544*, S. 117-122

[53] Sauter, J., L. Dürr: Stumpfe Klingen kosten Kraft. VDI/MEG Tagung Landtechnik, Hannover 2005, *VDI-Berichte 1895*, S. 383-388

[54] Schmittmann, O., A.M. Osman, K.H. Kromer: Durchsatzmessung bei Feldhäckslern. *Landtechnik 55* (2000), H. 4, S. 286-287, 322

[55] Schmittmann, O., Hien, P.: Einzelrübenbezogene Ertragsmessung von Zuckerrüben. *Landtechnik 56* (2001), Sonderheft 1, S. 195-196

[56] Schmittmann, O., P.S. Lammers: Systeme zur Ertragsbestimmung bei Zuckerrüben. *Landtechnik 58* (2003), H. 3, S. 150, 195, 221

[57] Schwenke, D., M. Demmel, M. Rothmund, J. Rottmeier: Ertragsermittlung im selbstfahrenden Zuckerrüben Köpf-Rode-Bunker, VDI/MEG Tagung Landtechnik, Halle 2002, *VDI-Berichte 1716*, S. 253-258

[58] Schwenke, T.: Drei Jahrzehnte Durchsatz- und Qualitätsermittlung von Erntegut im Feldhäcksler. *Landtechnik 62* (2007), Sonderheft, S. 272-274

[59] Stoll, A.: Automatische Lenkung mit DGPS. *Agrartechnische Forschung 5* (1999), H. 2, S 107-116

[60] Tränkler, H.-R., E. Obermeier: *Sensortechnik: Handbuch für Praxis und Wissenschaft*. Springer-Verlag, Berlin, 1998

[61] Vansichen, R., J. de Baerdemaeker: A measurement technique for yield mapping of corn silage. *Journal of Agricultural Engineering Research 55* (1993), H. 1, S. 1-10

[62] VDI-Richtlinie 3634: *Mengenmessungen im Materialfluss*. Beuth Verlag GmbH, Berlin, 1991

[63] VDI-Richtlinie 4436: *Messung von Massen- und Volumenströmen in der Schüttgut-Fördertechnik*. Beuth Verlag GmbH, Berlin, 2007

[64] Vellidis, G. C.D. Perry, G.C. Rains, D.L. Thomas, N. Wells, C.K. Kvien: Simultaneous assessment of cotton yield monitors. *Applied Engineering in Agriculture 19* (2003), H. 3, S. 259-272

[65] Vierling, A.: Die Nebenwiderstände von Bandförderanlagen. *Fördern und Heben 8* (1958), S. 489-495

[66] Vierling, A.: Untersuchungen über die Bewegungswidestände von Bandförderanlagen. *Fördern und Heben 6* (1956), S. 131-142, 249

[67] Walter, J.D., L.F. Backer: Sugarbeet yield monitoring for site-specific farming part I - laboratory tests and preliminary field tests. *Precision Agriculture 4* (2003), H. 4, S. 421-431

[68] Weltzien, C.: Genauigkeitsvergleich von GPS-Empfängern. *Landtechnik 57* (2002), H. 4, S. 242

[69] Wenner, H.-L.: *Die Landwirtschaft, Bd. 3. Landtechnik, Bauwesen*. BLV Verlagsgesellschaft, München, 1986

[70] Wild, K., H. Auernhammer: A weighing system for local yield monitoring of forage crops in round balers. *Computers and Electronics in Agriculture 23* (1999), H. 2, S. 119-132

[71] Wild, K.: Satellitengestützte Arbeitszeiterfassung und Ertragsermittlung in Rundballenpressen. Dissertation: Institut für Landtechnik Weihenstephan 1998

[72] Ziegler: EasyDisc Scheibenmähwerke, Prospektmaterial

11 Anhang

A 1 Drehmomentverläufe im Leerlauf

Darstellung der zeitlichen Verläufe des Drehmomentes bezogen auf die Dauer eines Gurtumlaufes.

Fördergurt mit Querstegen (Gurt 1) – jeweils 5 Einzelverläufe gemittelt über Abschnitte zu 11 bis 15 mm

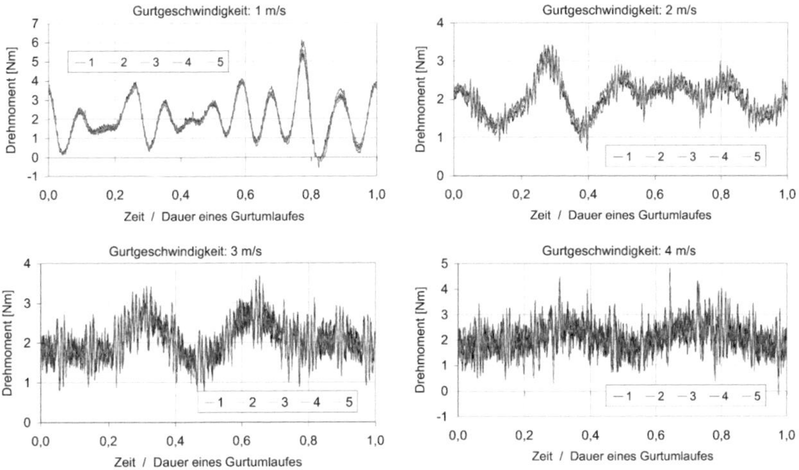

Abbildung 11.1: Drehmoment in Abhängigkeit von der auf die Gurtumlaufdauer normierten Zeit bei Einsatz von Gurt 1 für verschiedene Gurtgeschwindigkeiten

Fördergurt mit Querstegen (Gurt 1) - jeweils mittlere Verläufe aus allen Gurtumläufen innerhalb von 10 min, die bereits über Abschnitte zu 11 bis 15 mm gemittelt wurden

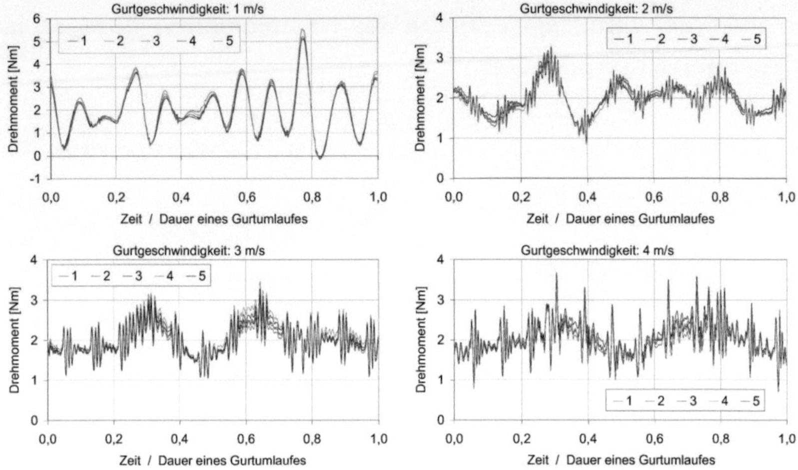

Abbildung 11.2: Mittleres Drehmoment in Abhängigkeit von der auf die Gurtumlaufdauer normierten Zeit bei Einsatz von Gurt 1 für verschiedene Gurtgeschwindigkeiten

Fördergurt mit Querstegen (Gurt 1) - mittlere Drehmomentverläufe für verschiedene Gurtspannungen, wobei das Drehmoment jeweils auf den Mittelwert der Messung bezogen wird

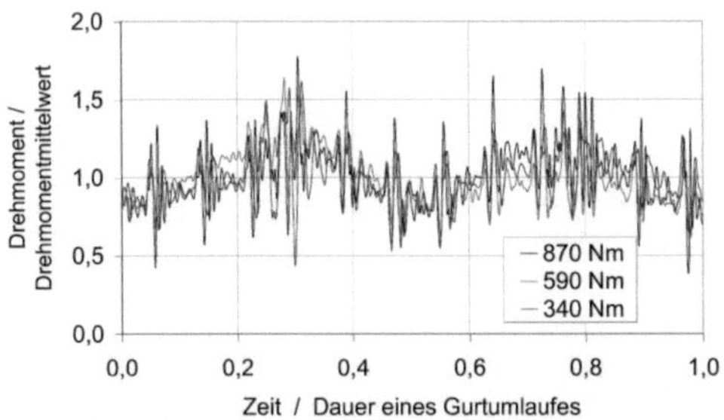

Abbildung 11.3: Mittleres normiertes Drehmoment in Abhängigkeit von der auf die Gurtumlaufdauer normierten Zeit bei Einsatz von Gurt 1 für verschiedene Gurtspannungen

Fördergurt ohne Querstege (Gurt 2) - jeweils 5 Einzelverläufe gemittelt über Abschnitte zu 11 bis 15 mm.

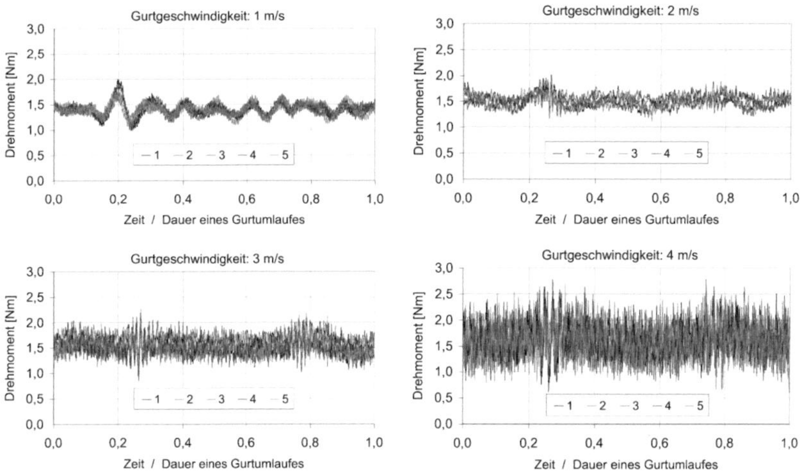

Abbildung 11.4: Drehmoment in Abhängigkeit von der auf die Gurtumlaufdauer normierten Zeit bei Einsatz von Gurt 2 für verschiedene Gurtgeschwindigkeiten

Fördergurt ohne Querstege (Gurt 2) – jeweils mittlere Verläufe aus allen Gurtumläufen innerhalb von 10 min, die bereits über Abschnitte zu 11 bis 15 mm gemittelt wurden

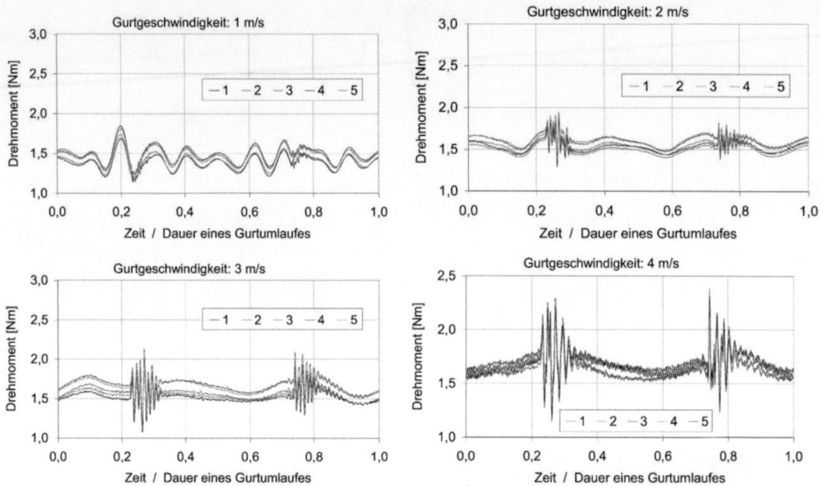

Abbildung 11.5: Mittleres Drehmoment in Abhängigkeit von der auf die Gurtumlaufdauer normierten Zeit bei Einsatz von Gurt 2 für verschiedene Gurtgeschwindigkeiten

Fördergurt ohne Querstege (Gurt 2) - mittlere Drehmomentverläufe für verschiedene Gurtspannungen, wobei das Drehmoment jeweils auf den Mittelwert der Messung bezogen wird

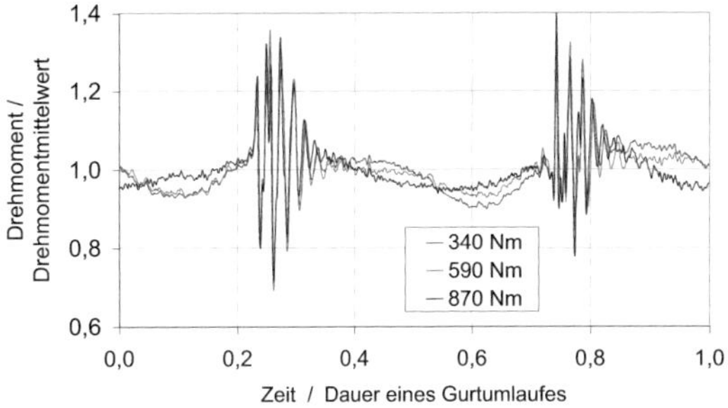

Abbildung 11.6: Mittleres normiertes Drehmoment in Abhängigkeit von der auf die Gurtumlaufdauer normierten Zeit bei Einsatz von Gurt 2 für verschiedene Gurtspannungen

Fördergurt ohne Querstege (Gurt 2) - Vergleich der Verläufe unmittelbar nach Inbetriebnahme und im stationären Betriebszustand

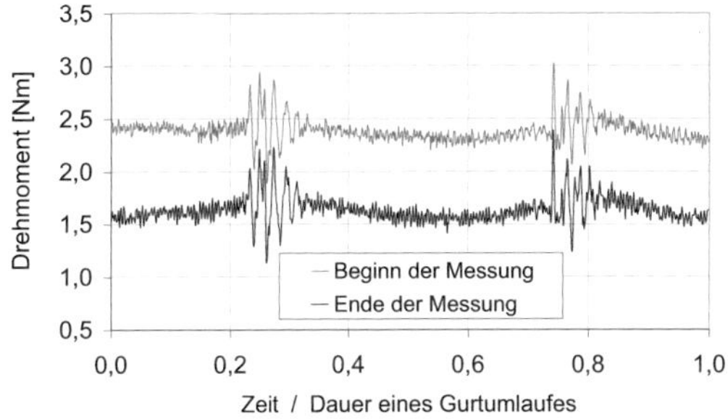

Abbildung 11.7: Mittleres Drehmoment in Abhängigkeit von der auf die Gurtumlaufdauer normierten Zeit bei Einsatz von Gurt 2 für verschiedene Betriebszeiten

Darstellung der zeitlichen Verläufe der Druckdifferenz bezogen auf die Dauer eines Gurtumlaufes.

Fördergurt mit Querstegen (Gurt 1) - jeweils mittlere Verläufe aus allen Gurtumläufen innerhalb von 10 min, die bereits über Abschnitte zu 11 bis 15 mm gemittelt wurden

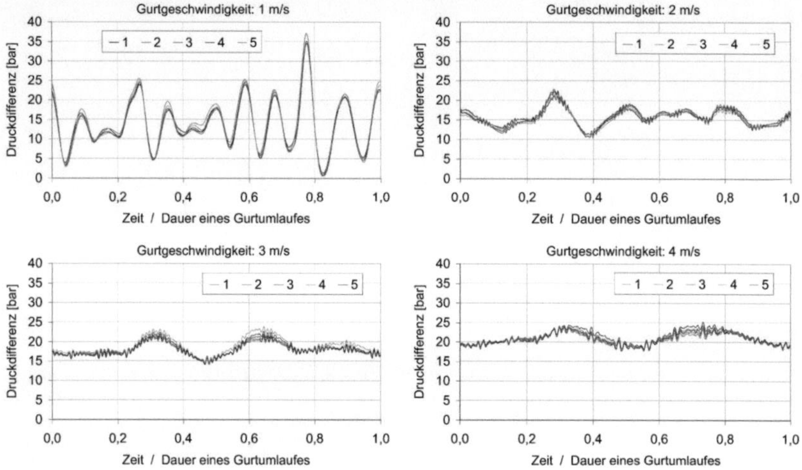

Abbildung 11.8: Mittlere Druckdifferenz in Abhängigkeit von der auf die Gurtumlaufdauer normierten Zeit bei Einsatz von Gurt 1 für verschiedene Gurtgeschwindigkeiten

Fördergurt ohne Querstege (Gurt 2) – jeweils mittlere Verläufe aus allen Gurtumläufen innerhalb von 10 min, die bereits über Abschnitte zu 11 bis 15 mm gemittelt wurden

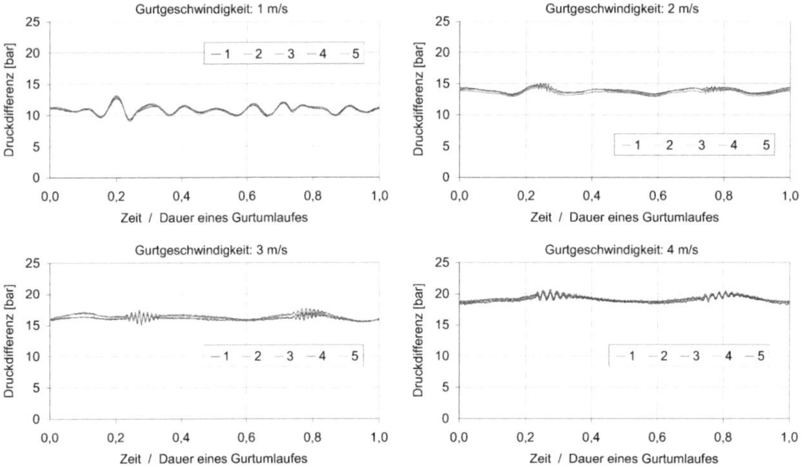

Abbildung 11.9: Mittlere Druckdifferenz in Abhängigkeit von der auf die Gurtumlaufdauer normierten Zeit bei Einsatz von Gurt 2 für verschiedene Gurtgeschwindigkeiten

A 2 Einstellparameter bei den Prüfstandsversuchen

Versuche im Leerlauf

Tabelle A 1: Abtastrate

Einstellgröße	Wert
Abtastrate	
gemessen	20 kHz
simuliert	5; 2; 1; 0,5 kHz
Fördergurt	Gurt 1
Gurtgeschwindigkeit	3,3 m/s
Messdauer	150 Gurtumläufe

Tabelle A 2: Einlaufverhalten

Einstellgröße	Wert
Umgebungstemperatur	25 °C
Fördergurt	Gurt 1; 2; 3
Gurtspannung	
Gurt 1	850 N
Gurt 2	815 N
Gurt 3	63 N
Gurtgeschwindigkeit	1; 2; 3; 4 m/s
Messdauer	90 min

Tabelle A 3: Einfluss der Umgebungstemperatur

Einstellgröße	Wert
Umgebungstemperatur	0; 25 °C
Fördergurt	Gurt 1; 2; 3
Gurtspannung	
0 °C; Gurt 1	363; 736; 971 N
0 °C; Gurt 2	461; 677; 961 N
0 °C; Gurt 3	157; 275; 353 N
25 °C; Gurt 1	337; 593; 846 N
25 °C; Gurt 2	415; 594; 888 N
25 °C; Gurt 3	24; 82 N
Gurtgeschwindigkeit	1; 2; 3; 4 m/s
Messdauer	30; 40 min als stationären Endwert den Mittelwert der letzten 5 min genutzt

Tabelle A 4: Einfluss der Gurtgeschwindigkeit

Einstellgröße	**Wert**
Umgebungstemperatur	0; 25 °C
Fördergurt	Gurt 1; 2
Gurtspannung	
0 °C; Gurt 1	971 N
0 °C; Gurt 2	961 N
25 °C; Gurt 1	846 N
25 °C; Gurt 2	888 N
Gurtgeschwindigkeit	1; 2; 3; 4 m/s
Messdauer	30; 40 min als stationären Endwert den Mittelwert der letzten 5 min genutzt

Tabelle A 5: Einfluss der Gurtspannung

Einstellgröße	**Wert**
Umgebungstemperatur	0; 25 °C
Fördergurt	Gurt 1
Gurtspannung	
0 °C; Gurt 1	363; 736; 971 N
25 °C; Gurt 1	337; 593; 846 N
Gurtgeschwindigkeit	1; 2; 3; 4 m/s
Messdauer	30; 40 min als stationären Endwert den Mittelwert der letzten 5 min genutzt

Tabelle A 6: Einfluss des Fördergurtes

Einstellgröße	**Wert**
Umgebungstemperatur	25 °C
Fördergurt	Gurt 1; 2; 3; ohne Gurt
Gurtspannung	
Gurt 1	846 N
Gurt 2	888 N
Gurt 3	24; 82 N
Gurtgeschwindigkeit	1; 2; 3; 4 m/s
Messdauer	30; 40 min als stationären Endwert den Mittelwert der letzten 5 min genutzt

Versuche mit Materialtransport

Tabelle A 7: Einlaufverhalten

Einstellgröße	Wert
Fördergut	Sand
Masse; Massestrom	48 kg; 8 kg/s
Fördergurt	Gurt 2
Gurtspannung	692 N
Gurtgeschwindigkeit	3 m/s
Gutgeschwindigkeit bei Auftreffen	0 m/s
Transportweglänge	130 cm
Fallhöhe	62 cm
Gurtneigung	0 °
Messdauer	7 bis 10 Wiederholungen in 25 bis 45 min

Tabelle A 8: Variation der Geschwindigkeit des Fördergurtes

Einstellgröße	Wert
Fördergut	
Sand	16 bis 128 kg (16-kg-Schritte); 2,67 bis 21,33 kg/s
Gras	ca. 10 bis 100 kg; 1,67 bis 16,67 kg/s
Fördergurt	Gurt 1
Gurtspannung	869 N
Gurtgeschwindigkeit	1; 2; 3; 4 m/s
Gutgeschwindigkeit bei Auftreffen	0 m/s
Transportweglänge	120 cm
Fallhöhe	45 cm
Gurtneigung	0 °
Umfang der Messungen	
Sand	12 bis 16 Werte pro Versuchsreihe
Gras	ca. 30 Werte pro Versuchsreihe

Tabelle A 9: Variation der Anfangsgeschwindigkeit des Fördergutes

Einstellgröße	Wert
Fördergut	Sand
Masse; Massestrom	16 bis 128 kg (16-kg-Schritte); 2,67 bis 21,33 kg/s
Fördergurt	Gurt 1
Gurtspannung	869 N
Gurtgeschwindigkeit	1; 2; 3; 4 m/s
Gutgeschwindigkeit bei Auftreffen	-1,36; 0; 1,36 m/s
Transportweglänge	120 cm
Fallhöhe	45 cm
Gurtneigung	0 °
Umfang der Messungen	12 bis 16 Werte pro Versuchsreihe

Tabelle A 10: Einfluss der Neigung entlang der Transportstrecke

Einstellgröße	**Wert**
Fördergut	
Sand	16 bis 128 kg (16-kg-Schritte); 2,67 bis 21,33 kg/s
Gras	ca. 10 bis 100 kg; 1,67 bis 16,67 kg/s
Fördergurt	Gurt 1
Gurtspannung	869 N
Gurtgeschwindigkeit	2; 4 m/s (bei Gras nur 4 m/s)
Gutgeschwindigkeit bei Auftreffen	0 m/s
Transportweglänge	120 cm
Fallhöhe	45 cm
Gurtneigung	
2 m/s	-7,5; -5; -2,5; 0; +2,5; +5; +7,5 °
4 m/s	-5; -2,5; 0; +2,5; +5 ° (bei Gras nur -5; 0 und +5 °)
Umfang der Messungen	12 bis 16 Werte pro Versuchsreihe

Tabelle A 11: Einfluss der Transportweglänge; Gurt 1:

Einstellgröße	**Wert**
Fördergut	
Sand	16 bis 128 kg (16-kg-Schritte); 2,67 bis 21,33 kg/s
Gras	ca. 10 bis 100 kg; 1,67 bis 16,67 kg/s
Fördergurt	Gurt 1
Gurtspannung	869 N
Gurtgeschwindigkeit	2; 4 m/s (bei Gas nur 4 m/s)
Gutgeschwindigkeit bei Auftreffen	0 m/s
Transportweglänge	80; 120 cm (bei 2 m/s auch 100 cm)
Fallhöhe	45 cm
Gurtneigung	0 °
Umfang der Messungen	
Sand	12 bis 16 Werte pro Versuchsreihe
Gras	ca. 30 Werte pro Versuchsreihe

Tabelle A 12: Einfluss der Transportweglänge; Gurt 2

Einstellgröße	**Wert**
Fördergut	Sand
Masse; Massestrom	16 bis 128 kg (16-kg-Schritte); 2,67 bis 21,33 kg/s
Fördergurt	Gurt 2
Gurtspannung	654; 1103 N
Gurtgeschwindigkeit	3 m/s
Gutgeschwindigkeit bei Auftreffen	0 m/s
Transportweglänge	80; 130 cm
Fallhöhe	37 cm
Gurtneigung	0 °
Umfang der Messungen	12 bis 16 Werte pro Versuchsreihe

Tabelle A 13: Einfluss der Fallhöhe des Fördergutes; Gurt 1:

Einstellgröße	**Wert**
Fördergut	
Sand	16 bis 128 kg (16-kg-Schritte); 2,67 bis 21,33 kg/s
Gras	ca. 10 bis 100 kg; 1,67 bis 16,67 kg/s
Fördergurt	Gurt 1
Gurtspannung	869 N
Gurtgeschwindigkeit	2; 4 m/s (bei Gas nur 4 m/s)
Gutgeschwindigkeit bei Auftreffen	0 m/s
Transportweglänge	120 cm
Fallhöhe	45; 65 cm
Gurtneigung	0 °
Umfang der Messungen	
Sand	12 bis 16 Werte pro Versuchsreihe
Gras	ca. 30 Werte pro Versuchsreihe

Tabelle A 14: Einfluss der Fallhöhe des Fördergutes; Gurt 2:

Einstellgröße	**Wert**
Fördergut	Sand
Masse; Massestrom	16 bis 128 kg (16-kg-Schritte); 2,67 bis 21,33 kg/s
Fördergurt	Gurt 2
Gurtspannung	655; 869; 1100 N
Gurtgeschwindigkeit	3 m/s
Gutgeschwindigkeit bei Auftreffen	0 m/s
Transportweglänge	130 cm
Fallhöhe	37; 62 cm
Gurtneigung	0 °
Umfang der Messungen	12 bis 16 Werte pro Versuchsreihe

Tabelle A 15: Einfluss der Gurtspannung; Gurt 1:

Einstellgröße	**Wert**
Fördergut	Sand
Masse; Massestrom	16 bis 128 kg (16-kg-Schritte); 2,67 bis 21,33 kg/s
Fördergurt	Gurt 1
Gurtspannung	655; 869; 1100 N
Gurtgeschwindigkeit	2; 4 m/s
Gutgeschwindigkeit bei Auftreffen	0 m/s
Transportweglänge	120 cm
Fallhöhe	45 cm
Gurtneigung	0 °
Umfang der Messungen	12 bis 16 Werte pro Versuchsreihe

Tabelle A 16: Einfluss der Gurtspannung; Gurt 2:

Einstellgröße	**Wert**
Fördergut	Sand
Masse; Massestrom	16 bis 128 kg (16-kg-Schritte); 2,67 bis 21,33 kg/s
Fördergurt	Gurt 2
Gurtspannung	655; 869; 1100 N
Gurtgeschwindigkeit	3 m/s
Gutgeschwindigkeit bei Auftreffen	0 m/s
Transportweglänge	130 cm
Fallhöhe	37 cm
Gurtneigung	0 °
Umfang der Messungen	12 bis 16 Werte pro Versuchsreihe

A 3 Parameter der Feldversuche

Übersicht über die Feldversuche im Jahr 2004

Nr. der Versuchsreihe	Versuchsort	Termin	Fläche	Schwadlängen [m]	Anzahl der Versuche	Gesamtschwadlänge	Teilung zur Wägung [m]
1	Elbtal	15.06.04	Eben	70	4	280	5
2	Lohmener Strasse	16.06.04	Hügelig	70 bis 90	12	920	5
3	Versuchsfeld	22.10.04	Eben	25,5	9	230	2,5

Nr. der Versuchsreihe	Versuchsort	Gesamtmasse [kg]	Dichte des Aufwuchses [kg/m^2]	[dt/ha]	Fahrgeschwindigkeit [m/s]	Gurtgeschwindigkeit [m/s]	Massestrom [kg/s]
1	Elbtal	713,92	0,85	85	2,22	3,87	5,67
2	Lohmener Strasse	3208,37	1,16	116	0,99	4,10	3,47
3	Versuchsfeld	1140,25	1,65	165	2,79	3,90	11,07

Übersicht über die Feldversuche in den Jahren 2005 bis 2007

Nr. der Versuchsreihe	Versuchsort	Termin	Fläche	Schwadlängen [m]	Anzahl der Versuche	Gesamtschwadlänge	Teilung zur Wägung [m]
1	Versuchsfeld 2	17.-18.08.05	Eben	30	11	330	2
2	Elbtal	18.-22.08.05	Eben	30	19	570	2
3	Versuchsfeld 2	10.-14.11.05	Eben	50	10	500	3
4	Schönfeld	23.05.06	Hügelig	50	4	200	ca. 2,50
5	Versuchsfeld 1	02.-13.06.06	Eben	35 - 50	22	995	ca. 2,50
6	Versuchsfeld 2	19.-27.06.06	Eben	30 - 50	27	930	ca. 2,50
7	Versuchsfeld 2	02.-07.05.07	Eben	25 - 50	23	830	ca. 2,50

Nr. der Versuchsreihe	Versuchsort	Gesamtmasse [kg]	Dichte des Aufwuchses [kg/m^2]	[dt/ha]	Fahrgeschwindigkeit [m/s]	Gurtgeschwindigkeit [m/s]	Massestrom [kg/s]
1	Versuchsfeld 2	758,55	0,77	77	2,72 / 3,81	4,09	7,51
2	Elbtal	977,61	0,57	57	3,11 / 3,81	4,09	5,93
3	Versuchsfeld 2	403,93	0,27	27	3,33	4,05	2,69
4	Schönfeld	354,32	0,59	59	2,78	3,97	4,93
5	Versuchsfeld 1	2286,71	0,77	77	2,78	3,96	6,39
6	Versuchsfeld 2	1557,11	0,56	56	2,78	3,92	4,65
7	Versuchsfeld 2	2254,49	0,91	91	2,78	3,96	7,55